カエルの鼻

―たのしい動物行動学―

カエルの鼻

たのしい動物行動学

石居　進

八坂書房

はじめに

そんな時間などありもしないのに、ついにヒキガエルの本を書くことに決めてしまいました。この本の中に出てくる話はほとんど、私と研究室においでになったたくさんの人たちが夢中になって実際にやった謎解きの話です。書きはじめる前はあれこれと考えて楽しみにしていたのですが、書いてみると簡単な話から七面倒くさい話までいろいろとごったに出てきます。申し訳ありませんが、話がごたごたしてきたら、どうぞ飛ばして読んでください（本当のところは書き上げてから、締め切りなどは無視して、もっと時間をかけて推敲すべきだったと後悔しているのです）。

さて、この本は見たところ、ヒキガエルの話、ことにその行動の話の本ですが、ヒキガエルということも、行動ということも、私が本当に話そうとした目的ではないのです。実は科学の研究の手順とはこういうものですという話がしたかったのです。これを心のどこかにおいて読んでいただければ幸いです。

目次

観察のはじまり

私は小さな雑木林の中でじっと耳を清ませていました。林の外を歩いている人の話し声が遠くから聞こえています。その合間に落ち葉がすれるかさかさというわずかな音が足元近くからしました。じっと目をこらすと少し盛り上がった落ち葉の下からつぶらな瞳が覗いているではありませんか。

なんと、ヒキガエルが落ち葉の下から顔をのぞかせているのです（第1図）。地面に伏せてシャッターをきる私には目もくれず、しばらくすると、ヒキガエルは全身を落ち葉の中から現わしてゆっくりと歩き出しました（第2図）。一、二、三メートル歩いたかと思うと、じっと冷たい地面の上で数分間立ち止まり、また歩き出す。これを繰り返しながら、雑木林を抜け出し、そして道を横切り、少しずつ移動していくのです。まだ肌寒く気温は一〇度に達していません。この寒い中をヒキガエルは歩いては止まり、止まっては歩いています。止まっているときによく見ると顎の下が上下して呼吸をしている様子がよくわかります。私が繁殖の

第１図　土から顔を出す

第２図　林の地面を歩く

ためヒキガエルが地下から姿を現わす現場を生まれてはじめて観察したのはこのときでした。

この場所は東京都東久留米市学園町にある自由学園の構内、一九八一年三月一七日、日没直後の六時頃のことでした。当時、私は「ヒキガエルはどんな方法で繁殖する池を見つけるのだろうか」という問題にとりつかれていたのです。なんでそんな問題に夢中になっているのかといわれると少し困ります。よく、登山家がなぜ山に登るのですかと聞かれると、困って、そこに山があるからなどと答えているのと同じように、そこにわかっていない問題があるからだとしか言いようがありません。それでもたくさんある未解決の問題のなかでなぜこの問題なのかといえば、理由はあるのです。

その前にちょっと、ヒキガエルの名前や生活史について簡単にお話しておきましょう。

日本のヒキガエルの仲間

ヒキガエル

ヒキガエルは俗に蝦蟇蛙（ガマガエル）ともいいます。普通、体長が一〇センチ以上もある大型のいぼいぼのある蛙で、夏の夜に庭の隅などの陸上をはっていたり、春の繁殖期には道路などを歩いて池に集まってくる姿を見たことのある人も多いのではないでしょうか。同じくらいの大きさの蛙にウシガエル（食用蛙という名でも知られています）がいますが、これはほとんどいつでも水の中で暮らしています。私がはじめてこのヒキガエルを見たのはまだ小学校に入る前で、東京のはずれ、品川区（その頃は荏原区）の当時は中延と呼ばれていたところでした。夏の夕方、近所のおじいさんがこの蛙を庭で見つけ、手でぶらさげてきて、皮をはぐぞといって子供や近所のおばさんたちを脅かしました。今でもこのことは強く印象に残っています。その後、私が暮らした北九州では親友の吉田智昭君によると「ワクド」ともいうそうです。

ヒキガエルは本州、四国、九州、屋久島、種子島、伊豆大島、北海道

第3図　ヒキガエル

の函館に分布しています。最近は多くの本などで、ヒキガエルはニホンヒキガエルとアズマヒキガエルというように二つに区別されているようです。カエル類の分類の研究で有名な京都大学の松井正文先生によると、現在日本に分布しているヒキガエル類はニホンヒキガエル（*Bufo japonicus japonicus*）、その亜種のアズマヒキガエル（*Bufo japonicus formosus*）、それにナガレヒキガエル（*Bufo torrenticola*）、ミヤコヒキガエル（*Bufo gargarizans miyakonis*）、オオヒキガエル（*Bufo marinus*）であるといいます。

松井先生のデータによると、ヒキガエルの鼓膜《こまく》の大きさを耳から鼓膜までの距離の何倍かで表わすと、日本のほぼ西半分にいるものと、東半分にいるものとではっきり区別できます。西半分にいるのがこの比率の小さいニホンヒキガエルで、東半分にいてそれより大きな鼓膜を持っているのがアズマヒキガエルだそうです。しかし、東京付近にいるのは中間の大きさの鼓膜を持っているそうです。私たちが観察したものの一部の個体を松井先生に見ていただいたら中間型だとのことでした。また、ニホンヒキガエルとアズマヒキガエルは動物の種としては同じ種ですし、生態もほとんど同じようです。もちろん、両者の交雑も可能で、その子供はちゃんと繁殖することができます。そこで、この本ではニホンヒキガエルとアズマヒキガエルというような区別をしないことにします。そして単にヒキガエルと呼んでいます。日本語で日本にいるヒキガエルのことを呼ぶのですから、あえてニホンヒキガエルとは呼びません。

実は私は関東の生まれなので西のヒキガエルが日本のヒキガエルで、東のヒキガエルが文化果つる「あずまえびす」の住むところのヒキガエルだと言われているような気がして、差別ではとひがんでいるところもあるのです。

ナガレヒキガエル

ナガレヒキガエルは松井先生が発見し新たな種として報告されたものです。本州の中部地方の西半分と近畿地方の山地（標高八〇-一六〇〇メートル）の主として流水中に住んでいて、幼生（オタマジャクシのこと）では吸盤という川底の石などに吸いつく役をする口器が大きくなっていて、流水中の生活に適しています。広島大学両生類研究施設の川村智二郎先生の研究グループはナガレヒキガエルはニホンヒキガエルと交配できるのでニホンヒキガエルの亜種であると述べていますが、松井先生は形態学的な違いがいくつもあることや、アズマヒキガエルと混在している地域でも交雑している証拠がないなどの理由から独立した種だと

第4図　抱接中のナガレヒキガエル（撮影、戎谷秀雄）

主張しておいでです。私は、松井先生のニホンヒキガエルとアズマヒキガエルを区別して和名をつけるという考えには反対ですが、このナガレヒキガエルを区別して呼ぶという意見には賛成です。

ミヤコヒキガエル

ミヤコヒキガエルは琉球列島宮古島、伊良部島、下地島、南大東島、北大東島に分布していますが、南北大東島のものは人為的に移入されたものだそうです。そして、形態学的にも遺伝学的にも本土産のヒキガエルとは明らかに別種だとされています。形態学的には中国産のチュウカヒキガエルの一部に似ていることから、その亜種とされているそうです。

オオヒキガエル

オオヒキガエルは小笠原島に生息していますが、この種は本来アメリカに住んでいるもので、害虫を駆除する目的で、アメリカから持ち込まれたものが繁殖したのです。オーストラリアでもこの種がやはり移入され、生態系を破壊しているとして大きな問題となっています。

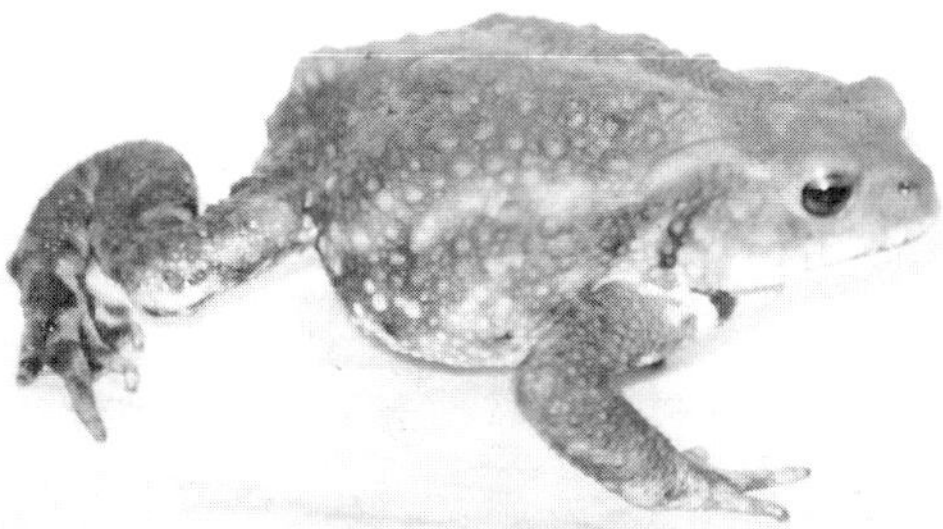

第5図　ミヤコヒキガエル

第6図　オオヒキガエル

ヒキガエルの生活史

さて、話はヒキガエルに戻ります。ヒキガエルの分類や形態学的研究では松井正文先生が有名ですが、生活史については金沢大学の奥野良之助先生と国立科学博物館付属自然教育園の久居宣夫先生の研究グループによる継続的な観察がよく知られています。奥野先生はその成果を研究論文としてだけでなく、最近、『金沢城のヒキガエル』という素晴らしい単行本にして出版されています。ここではおもにこれらの研究をもとにして、東京付近ではヒキガエルがどのようにして一年を送っているのかを簡単に紹介しましょう。

ヒキガエルの親は完全な陸生動物で通常は池や川には入りません。初夏からは、主として夜間、地表をはい回って昆虫をはじめとする小型の動物を食べて生活をしています。奥野先生の金沢城内での観察によるとミミズやカタツムリ、ヨコエビなどの類を食べているそうですし、久居先生の自然教育園のヒキガエルの糞の分析によると、ツチカメムシやシデムシ類、オサムシ類など夜行性の甲虫を食べているようです。動物商でヒキガエル捕獲の名人の大内一夫さんによると地面をはっているミミズの類を食べている姿をよく見かけるそうです。私の都内での経験では、街灯の下にヒキガエルがいて、明かりに集まってきて地上に落下した昆虫を食べている姿をよく見かけます。ヒキガエルは昼間は石や倒れた木の下や、落ち葉の陰などに隠れています。

秋も終わりになるとヒキガエルは土の中や落ち葉の下の深いところなどに潜って、冬越しの態勢に入り、冬の間は夜になっても姿を見せません。ところが、早くて二月の中旬、晩いと四月の上旬（これは場所によっても、年によっても違います）、ある日の夕方、突然、地上に姿を現わします。そしていつの間にか繁殖池に集まって、雄は雌を抱きかかえて精子を放出し、雌は雄に抱きかかえられて卵を産みます。繁殖を終わったヒキガエルはまた陸に戻り、初夏まで地中で過ごすのです。すなわち、冬眠が繁殖活動によって中断されるのです。そして、繁殖期だけに水に入るのです。もっとも両生類の捕獲の名人の大内一夫さんによると、真冬でも暖かい晩にはヒキガエルは池に向かって少しずつ移動しているとのことです。

ヒキガエルの卵は紐状のジェリーに包まれているので、すぐにほかのカエルの卵と区別がつきます。卵は産卵後、四、五日で小さな幼生となってジェリーから脱出し、しばらくは池の底に沈んでいますが、やがて

第7図　ヒキガエルの一年

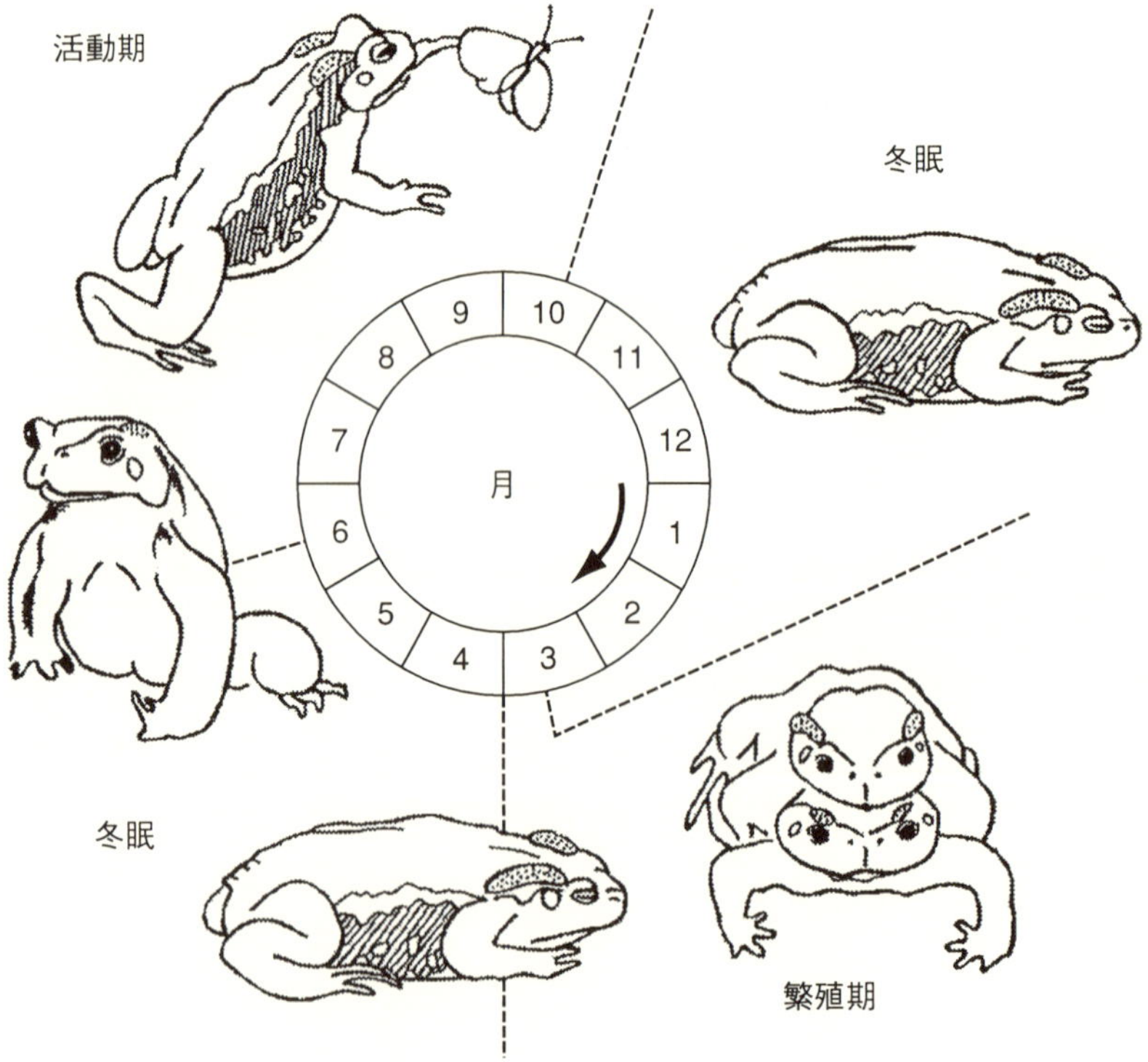

泳ぎはじめます。その後一か月半から二か月くらいで幼生は変態《へんたい》を終えて、体長が数ミリメートルの黒い、小さなカエルとなって上陸してきます。この小さなカエルが、十分に成長して体長一〇センチ以上になり、成熟した卵巣や精巣をもって繁殖池にやってくるのには雄で二年かそれ以上、雌では三年かそれ以上かかることがわかっています。そして、雄は毎年、雌は一年おきかそれ以上の間隔で、繁殖のために池に来ることも調べられています。

なぜ繁殖池の見つけ方に興味を持ったか

小林英司先生のこと

私が大学院の学生の頃に私の属していた講座の教授は竹脇潔先生でした。竹脇先生はたいへん立派な方でしたが、残念なことに停年退官後しばらくして交通事故でお亡くなりになりました。そしてその講座の助教授は今は名誉教授の小林英司先生でした。大学院を終了するとすぐに私は小林先生の押しかけ弟子になりました。先生は不思議な方で、非常に偉い方なのにまったく偉そうに見えない方でした。まず、私たち学生に対しても偉い先生方に対しても、研究という面ではまったく同じ態度で接しておいでした。したがって、たとえ相手が学生であっても、研究上のことで論理的に矛盾したことなどをいうと、容赦なくきびしく追求されます。そこで、学生の中には恐れおののく人もありました。またその反対に、ご自分が知らないことがあると、相手が学生でもていねいに教えを乞わるので、高慢な人は先生を軽く見ることがよくありました。研究という点では誰もが平等だということを、頭ではなくて体で知っていらっしゃったのだと思います。それから常に学問の将来の方向を考え、進歩に対する努力を惜しまず、寸刻を惜しんで研究をしておいでになりました。たとえば、大学の廊下をよく走っていらっしゃるのです。「先生、なぜそんなにお急ぎになるのですか」とたずねると、「だって、少しでも早く実験を進めたいでしょう」とお答えになりました。実験の際にも試験管や試薬瓶、ビーカーなど器具を置く場所をよく考えて決めていらっしゃいました。少しでも、手が動く距離を短くして、実験が効率よく短時間で終わるようにということでした。また、実験の途中で少しでも手があくと、私などは煙草を取り出して一服して休んだものでしたが（今は吸いません）、先生はただちに使ったガラス器具の洗浄をおはじめになって、その日の実験が終わった時には、器具洗いも終わっていました。たいていの人は洗い物は翌日まわしやひどい人は翌月まわしくらいにしているのにです。そして先生はお帰りになる前に、実験台の上に、翌日使う道具をすべて揃えて、翌朝は来るとただちに実験がはじめられるように準備をなさっていたのです。このように先生は研究に燃えておいでました。七七歳をすぎた今でも先生は同じように研究に激しく情熱を燃やしていらっしゃいます。

また、私が実験室で論文を読んでいたら、先生から「石居君、ここは実験室で実験をするところです。論文は家で夜読むものです」といわれました。しかし、先生は朝早くから夜遅くまで走り回って実験をしておいでなので、どうやって論文や本を読むのだろうと不思議に思っていました。その謎はずっと後になって解けました。現在、東京大学海洋研究所所長の平野哲也教授がまだお若くて結婚されたときの話です。恩師の小林先生が仲人をなさいました。披露宴の来賓の挨拶のときに、奥様の大学時代の恩師だった英語の先生が次のような挨拶をなさったのです。「私は今日この席に来るまで、新郎の平野氏はどんな人かと少し心配をしていました。しかし、お仲人の小林先生のお顔を拝見したとたんに、これは心配はいらない。この方のお弟子さんなら絶対立派な人だと思ったのです。小林先生は私をご存じないかもしれませんが、私は実は先生のお顔を存じ上げていました。毎朝、電車に乗ると、私のかたわらに、いつも英語の教師の私にもわからない専門用語の一杯書いてある英語の本をすごいスピードで読んでいる方がいました。毎朝、いつでも電車の中で勉強をしていないことがない方でした。私はこれはきっと立派な学者であるに違いないと感服していました。それが今日、この席に出て小林先生だとわかったのです。このような先生のお弟子さんならもう心配はありません。」というようなご挨拶でした。

その頃、私は早稲田大学の助教授になっていたと思います。そして、やっと先生はどうやって勉強をしていらっしゃったのかがわかった次第でした。そこで、私も早速真似をすることにしました。翌日から帰りの電車の中で新着のサイエンスやネイチャーというような、英語の専門雑誌を読みはじめました。ところが、二、三日たったある日、電車の中でその論文を読みふけっていると、誰かが肩にドスンとぶつかるのです。びっくりしてみると、酒臭い息をした男の人で、あたりを見回しながら私を指差し、「な、だいたい英語が出来ないような奴に限ってよう、偉そうにわかりもしない英語の本を人前で読むような振りをして見せるんだよな」と大きな声でいうのです。私は思わず赤面をして酔っ払いに謝ってしまいました。付け焼き刃はすぐに、酔っ払いにさえ、見破られるのです。

小林先生はこのように真剣な態度で、学問の先端を目指して夢を持って研究をしていらっしゃいました。そこで、私も先生とともに、この夢を目指して、苦しくとも頑張ってみたいと思って、最初の弟子としていっしょに研究をさせてくださいとお願いしたのです。当時の教室の封建的な状況では助教授が弟子を持つことは型破りでした。私自身もそれまでの指導教官の竹脇先生には申し訳ないと思っていました。きっと小林先生にはずいぶんとご迷惑だったのではないかと思いますが、引き受けて、研究をさせてくださいました。

その少し後でした。先生のもとでも先生の直接の指導で何人もの大学院の学生が研究するようになって、私が先生のもとを離れ、早稲田大学に移ってからのことです。小林先生はアメリカでチャドウィックという人が発表した、ある研究に興味を引かれていらっしゃいました。それは、砂を斜めに入れ、水を入れて陸と池とをつくった水槽に、ある有《ゆう》尾両《びりょう》生類《せいるい》（サンショウウオやイモリの類）を入れておいた実験です。サンショウウオは水の中でも水の外でも自由に行けます。すると非繁殖期の個体は大部分が水の外にいます。ところがプロラクチンというホルモンを注射すると、大部分の個体が水の中に入るというのです。そこでチャドウィックは有尾両生類が繁殖期に池などにやってくるのは、この時期になると脳《のう》下《か》垂体《すいたい》からプロラクチンが分泌されて、このホルモンが、水を求めるという衝動を引き起こすのだと結論したのです。そこで、小林先生はヒキガエルが繁殖期に池に入るのもプロラクチンの作用かと思い、お弟子さんの松井徳三さんといっしょに、ヒキガエルを使ってこれと同じような実験をしてみたのですが、プロラクチンはヒキガエルにはさっぱり効かないというのです。そこで、「石居君、これはおもしろい問題だよ、君がもっとやってみたらどう」とおっしゃるのです。しかし、当時は私の研究室は、私と研究を手伝ってくださっていた山本一枝さん（今はアメリカのマサチューセッツ・インスティチュート・オブ・テクノロジーで工学系の学生の日本語の先生をしています）という人だけで、夢中になってやっていた視床下《ししょうか》部《ぶ》正中《せいちゅう》隆起《りゅうき》という脳の一部分の研究以外にはとうてい手がまわりませんでした。

それから、何年かたって私の研究室にも大学院の学生や卒業研究の四年生など何人もの人がいっしょに研究をするようになりました。その一人の安達透君がこのヒキガエルを池に入らせるホルモンの問題に興味を持ってくれて、私といっしょにやってみようということになったのです。そこでまずヒキガエルがどうやって池を見つけるのかを知りたいと思いました。そういった研究は当然これまでに誰かがやっているに違いないと思って文献を調べてみました。ところが、驚いたことに日本のヒキガエルでは池を見つける方法については、きちんとした科学的な論文が皆無に近いことがわかったのです。本や雑誌にミツバチがどうやって花や巣の方向を知るのかとか、サケやマスがどうやって生まれた川を記憶しているのかというような研究はしばしば紹介されているのに、ヒキガエルの池への移動の問題については何もわかっていないのです。そこで、ホルモンの研究よりもまずは、ヒキガエルがどうやって繁殖池を見つけるかという問題を自分で調べようということになったのです。

外国にはヒキガエル類（*Bufo* 属）のカエルやほかの両生類の繁殖池への移動の研究は数多くありました。日本のヒキガエルに近縁なヨーロッパヒキガエル（*Bufo bufo*）についてもいくつもの研究がありました。しかし、おもしろいことにヒキガエル類のものでさえ、視覚《しかく》で池を見つけるとか、聴覚《ちょうかく》が重要だとか、あるいは嗅覚《きゅうかく》が必要だとか、さらには磁力線を感じているだとか、諸説紛々としていて、どれが本当だかわからなかったのです。

最初の観察にたどりつくまで

さて、ヒキガエルがどうやって繁殖池を見つけるかという問題を調べるには適当な観察場所が必要です。そこで私と安達君はまずヒキガエルが繁殖期に集まってくる場所を見つけることからはじめました。実は早稲田大学の守衛さんから、文学部のキャンパスに池があって、そこにヒキガエルが産卵に来るという耳寄りの情報がありました。その話を聞いたのはすでにヒキガエルの繁殖期が終わった初夏になってからでした。いよいよそこで来年からと思っていたら、夏のうちに文学部の構内の整備がはじまって、池は植え込みだか花壇だかに様変わりしてしまったのです。がっくりきていた私に翌春、安達君が朗報をもたらしました。文学部の向こうにある箱根山（公園）の麓に防火用の池があって、そこにヒキガエルがたくさんいるというのです。早速行ってみると、もうたくさん集まって産卵をすませていました。駆けつけたのが、少し遅かったのです。ところが、この池もその夏には道路の拡幅工事があって消失してしまいました。

このように、肝心なヒキガエルがどうやって繁殖池を見つけるかという問題を実際に追求しはじめる前に、その研究の場所を見つけるという点ですでにつまずいてしまったのです。普通の人なら自然の破壊には追いつけないと、このあたりであきらめるのでしょうが、小林先生の押しかけ弟子たるものはこの程度ではあきらめるわけにはいきません。昔の先生からの教えはきびしいものでした。また小林先生の話かなどと言わないでください。私にとって先生の影響は実に大きいのです。こんなことがありました。私が先生のもとで研究していたとき、ハトが必要になりました。そこであちこちでハトを捕ろうとしたのですがどうもうまくいきません。まず、屋上でトラップを仕掛けたのです。最初の日は三羽か四羽ドバトが捕れてこれはよいと思ったのですが、翌日から足環をつけたどこかの伝書鳩がやってきて、これが集まってくるドバトを追い払ってしまうのです。あきらめて、今度は三四郎池のほとりに来るドバトをトラップで捕まえようとしました。ところがおもしろがって見物人の方ばかりが集まって、ハトは敬遠して来なくなってしまうのです。そこであきらめかけていたら、小林先生から気合いを入れられました。「石居君、本気でやろう思ったらなんでも必ずできるものですよ」とおっしゃり、ご自分の経験を話してくださいました。「僕も昔ハトを研究に使おうと思って、ハトが捕れるところはないかと毎日、毎日、都内を歩き回ったんですよ。そうしたらですね、鬼子母神の境内にハトがたくさんいたんです。そこで境内を掃除していた神主さんだかお坊さんだかにハトを捕らせてくださいと頼んだら、ここは神様だか仏様だかの場所だからいけないと言うんですよ。そこで僕は言ってやったんですよ。ハトは大切な真理を探究する研究に使うのだから、神様はきっと喜ぶはずだと。そうしたら、向こうも感心して、それなら捕ってもよいと許してくれたんです。君もそれくらい熱意がなければだめですよ」というお話でした。そこで私も二日間ばかり靖国神社、湯島天神など都内をあちこち歩いたのですが、どうも思わしくありません。ところが私がそうやってハトを探しているということが知れ渡ったため、ある先輩（後に慶応大学教授になった田口茂敏さんだったか）が新聞に深川の震災記念堂でハトが増えて困っているという記事が出ていたと知らせてくださいました。そこで早速行ってみました。公園事務所というのがあってそこの所長さんという人に頼んでみたのです。大きな事務室の中のいちばん大きな机に座っていた所長さんは私に大きな声で、「とんでもありません。ここは震災で亡くなった方々を祭っているところです。ハトを人前で捕まえるなんてとんでもありません」とおっしゃるのです。そう言いながら私の後ろの方を変な目つきでときどき見つめて何か合図をしているみたいなのです。変な人だなと思いながらもがっかりして帰りかかったところ、さっきの所長さんの目つきの先の方に、事務所の人なのかそうでないのか、作業服の男の人が一人いました。そして私を呼び止めて廊下の隅に連れて行き、「あんなことを大きな声で人前で所長に頼んだら、所長も困るじゃないですか。今夜暗くなったら人目に付かないように来なさい。塔に登って捕まえてあげるから」とおっしゃるのです。おかげで、十分な数のハトを集めることができた次第です。もう、三〇年以上たっていますす。時効になっているので、ここに改めて当時の所長さんや手伝ってくださった方々にお礼申し上げます。

このようにしっかりと仕込まれた私ですからこれしきのことではへこたれません。さらにあちこちヒキガエルの繁殖するところを探していたら、なんと当時、非常勤講師をしていた自由学園の初等部の運動場のはずれにある防火用水の池に、たくさんのヒキガエルが繁殖に集まるというのです。それまで知らなかったわけです。繁殖期は春休み中で、その頃に学園に来たことはなかったのです。そこで、三月中旬から毎日夕方になると、大学院学生の吉田高志君、古谷哲夫君、それに安達君などと学園にやってきて観察をはじめたのでした。そして、はじめてヒキガエルが現われるところを見たのが最初にお話したことなのです。

ヒキガエルは地図を持っている

第８図　雌を待つ雄

繁殖期のヒキガエルの池への移動

さて林の中の落ち葉の下から姿を現わし、寒中を歩き出したカエルはやがて雑木林を出て道路を横切り、繁殖池に近づきはじめました。すると、途中の草地の地面の穴から少し小型のヒキガエルが上半身を現わしてあたりを眺めていました（第８図）。そして、なんと最初の大型のヒキガエルの方に近づいてきて、その背中に飛び乗ったのです（第９図）。そして両腕を大きな方のヒキガエルの脇の下にさしこみ、しっかりと抱え込みました。このような状態を「抱接《ほうせつ》（amplexus）」といいます。雌は雄がいてもかまわずに歩いていきます。次の図のように、そこに別の雄がやってくることがよくあります。そして、その第二の雄も、場合によっては第三の雄さえやってきて、抱接に参加しようとします（第10図）。ここで、第11図のように、雄同士の戦いが起こります。そして、最後に勝ち残って抱接しているカップルは、やがて池へと入っていきます。池の周囲や中をよくみると雄のヒキガエルのほうが雌のヒキガエルより数が多いのです。そこで、たいていの雌は池に近づくやいなや雄に

第９図　雌を見つけた雄がすばやく飛び乗る。と、そこへ…、

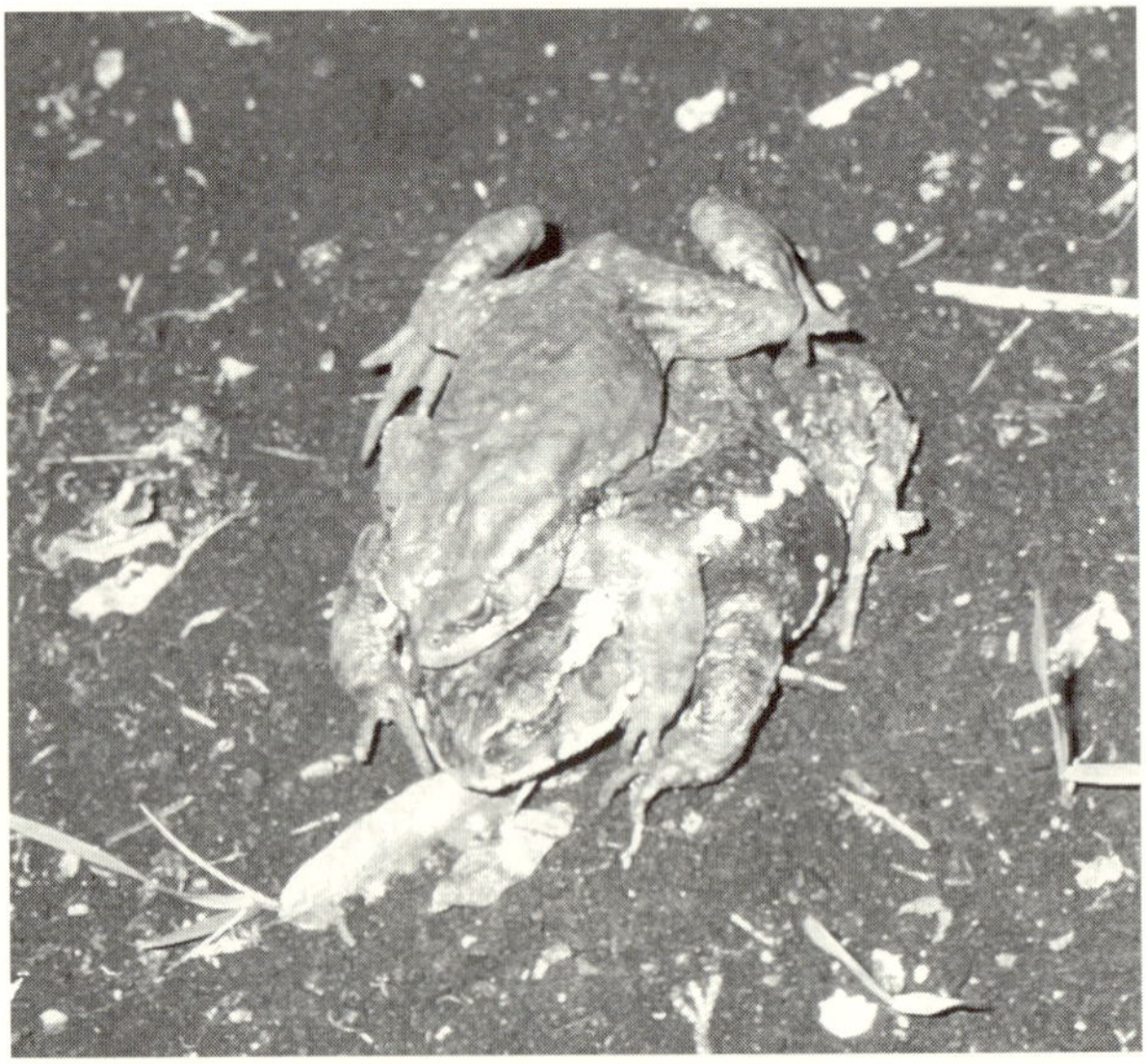

第10図　第2の雄が2匹に近づき、あわや3階建てに…、

第11図　第1の雄、果敢に戦い、

みごと勝ち残る。

第12図　自由学園の池

抱接されてしまいます。したがって独りで池に入る雌は多くないようです。それに反して雄の方は池の中でも独りというのが普通にいます。このようにして調子がよい年は二、三日で池は雌雄のヒキガエルで一杯になります。第12図のような五メートル×一〇メートルくらいの自由学園の池でも二〇〇匹や三〇〇匹のヒキガエルは入っていました。さてここでヒキガエルはいつも同じ池で繁殖するのか、それとも毎回、あるいはときどき池を変えて繁殖するのかという問題があります。この問題についても金沢城での奥野先生の研究や、自然教育園での久居先生のグループの研究があって、ほとんどのヒキガエルがいつも同じ池で繁殖することがわかっています。

さて、ここでいよいよ私たちの大問題、ヒキガエルはどういう方法で繁殖池を見つけるのかという問題にチャレンジします。自然科学では必ずある現象を説明するにはある仮説を立てます。そして実験科学ではその仮説が成り立つかどうかを調べる実験を考えます。

私たちは、一、ヒキガエルは池がどっちの方向にあるかということを知っていて、池の方向を目指して移動していく、あるいは、二、でためにに動き回って偶然ぶつかった池に入ってみて、そこがいつもの池だとそこで繁殖し、もし違っていると池から出てまた動き回るという二つの仮説を検討することからはじめてみました。

でたらめ説と一定方向説――自由学園の池での観察

もし、でたらめに動き回っていて偶然に池を見つけるのだとすれば、ヒキガエルの動いていく方向はでたらめで四方八方を向いている、むずかしい言葉でいうとランダムであるに違いありません。もし池がどちらの方向にあるかを知っているのだとすると、ヒキガエルはある一定の方向を向いて動いているに違いありません。ランダム説と、一定方向説というわけです。そこで、一九八〇年の春、私たちは自由学園の池の周囲の地図を作り、三月一七日、二〇日、二一日の三日間、何人かで受け持ち区域を決めて、それぞれが一〇分おきに区域を歩き回りヒキガエルが見つかると一〇分ごとの位置を地図に書き込み、それを結んで、それぞれのヒキガエルの通った道筋(軌跡)を描いたのです。第13図がそれです。

最初にヒキガエルが姿を現わしはじめたのは三月一六日で、二、三匹姿を現わしたということでした。そこで一七日から本確的に調査を開始したのです。図を見るとこの日は数もそんなに多くないし、歩いた距離もあまり長くなくて池に達したものは（ほとんど）いません。天気は曇りでなんとなくしっとりとした感じの春の宵でした。ところが、翌一八日と翌々日の一九日は気圧配置が急に冬型になって、空はよく晴れていたのですが、乾燥して強い風が吹いていました。そして、ヒキガエルは一匹も姿を現わしませんでした。ところが、二〇日と二一日には大陸から低気圧が移動してきて、日本列島の日本海側を通っていきました。そのため、南から暖かい風が吹き込み、気温が上がって雨も少し降りました。そして、図のようにたくさんのヒキガエルが姿を現わして来ました。池に入ったのも何匹も見つけました。しかし、二一日には一匹の大きな産卵を済ませた雌が池のすぐ脇で見つかり、それが池からどんどん離れていくのが観察されました。池を出たと思われるヒキガエルはこれだけでしたが、池に入る個体と池から出る個体が入り交じっては困るので、観察は二一日で終わりにしました。

さてこのようにいうと簡単ですが、ヒキガエルの軌跡をたどるのはけっこうたいへんでした。はじめは受け持ち区域に一匹か二匹だったのが、いつの間にか四匹、五匹と数が増えるとたいへんなことになります。ある個体を見ているうちにほかの個体がどんどんと移動してどこに行った

第13図　池のまわりの軌跡

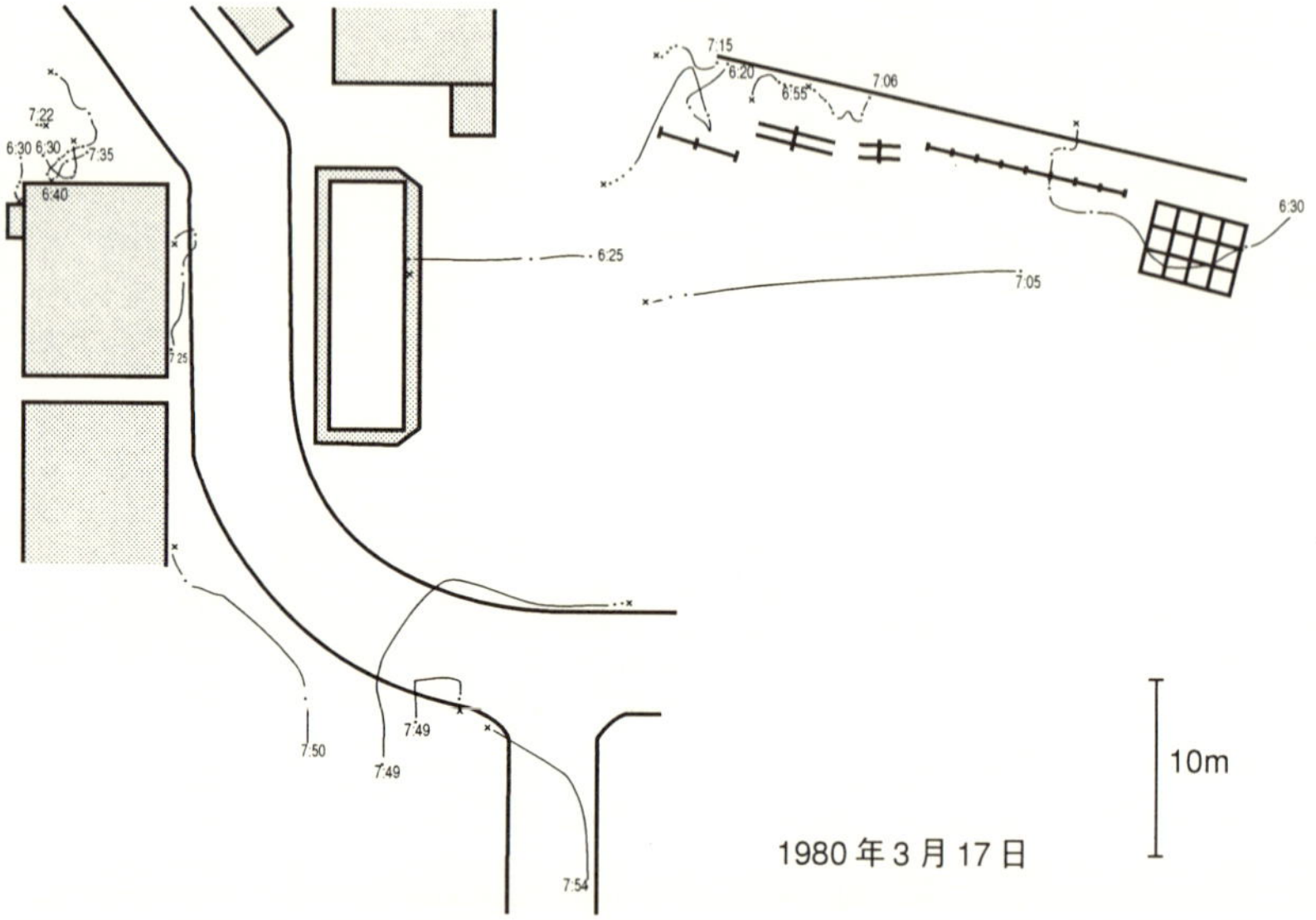

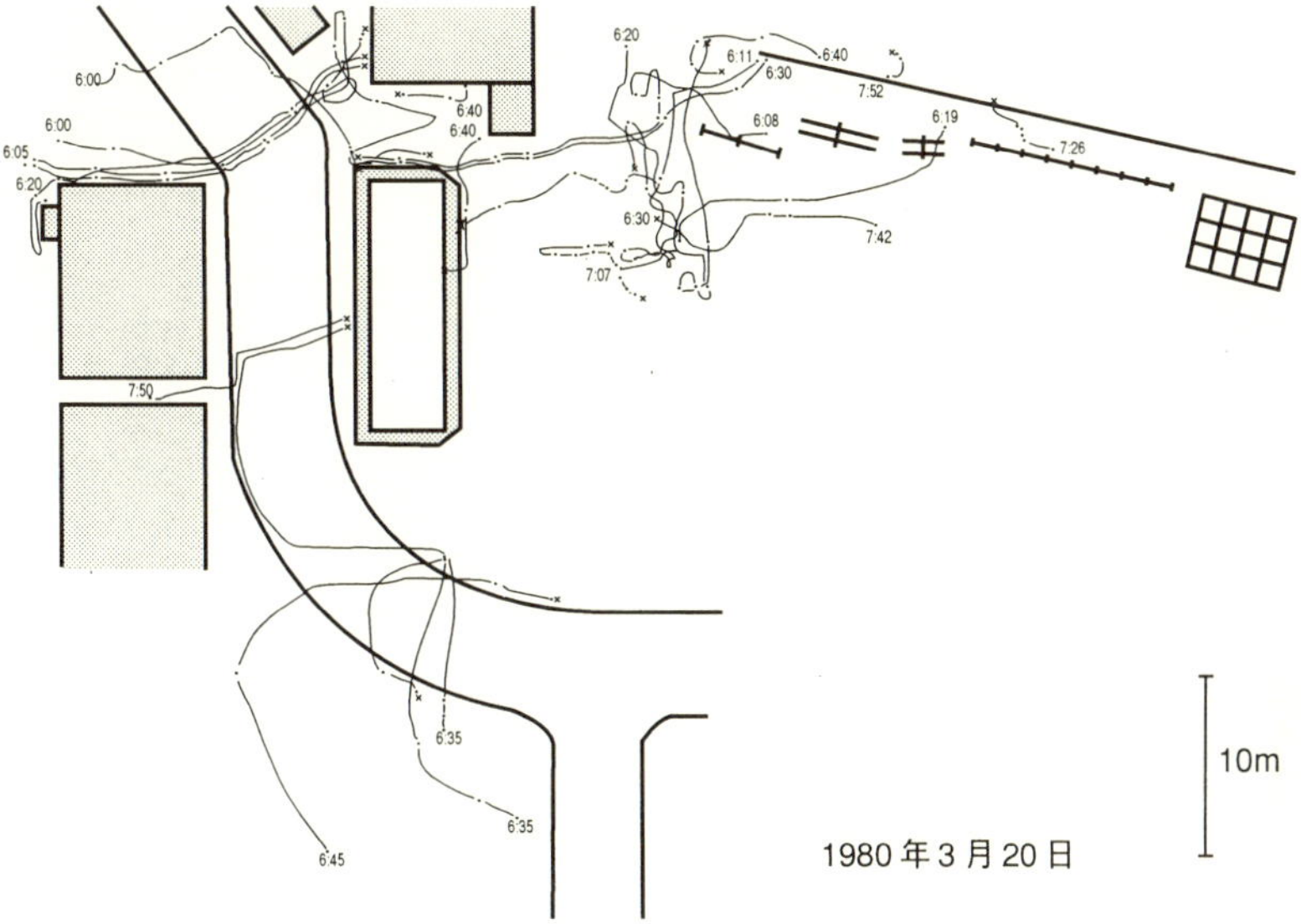

1980年3月20日

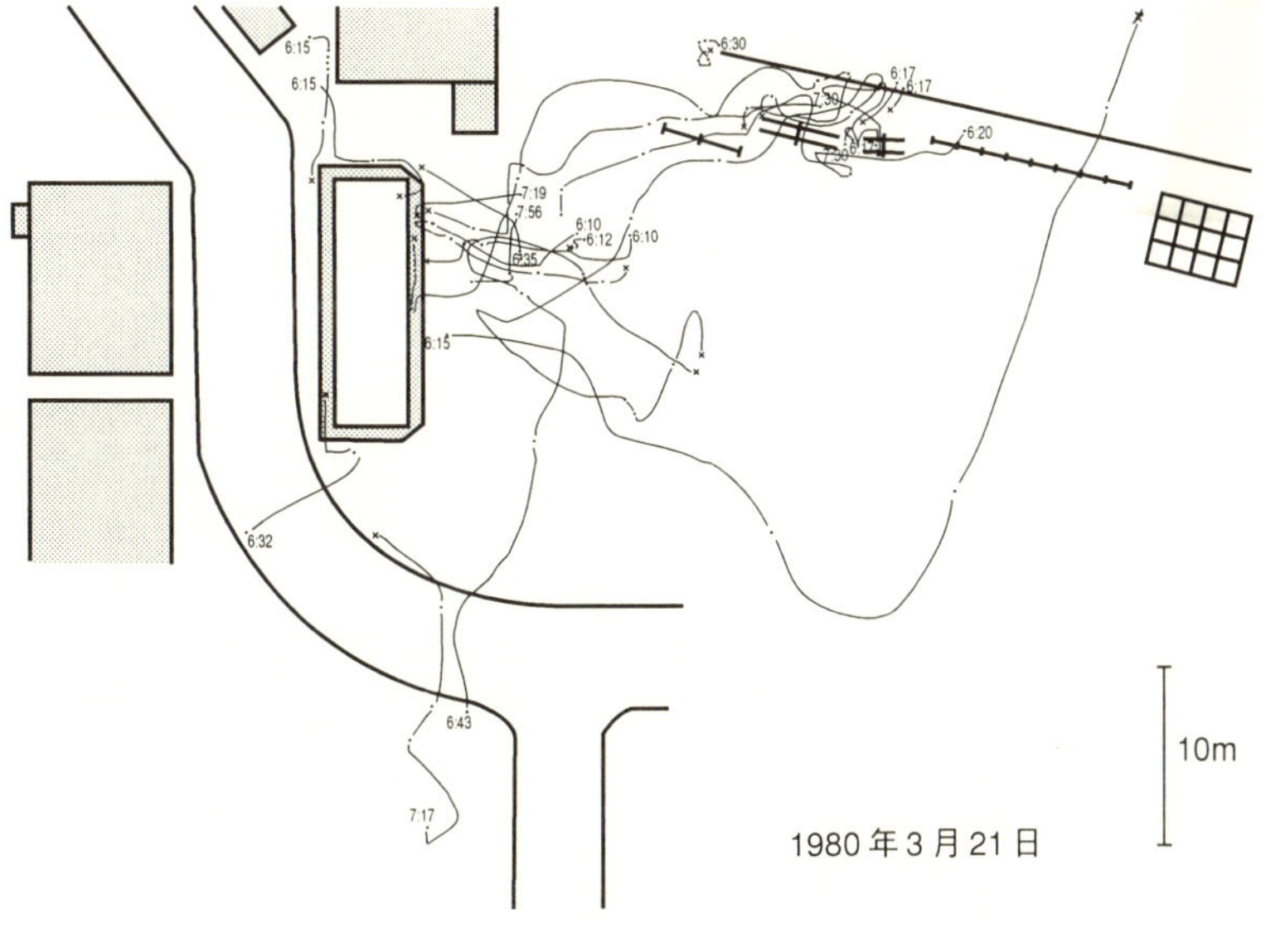

1980年3月21日

第14図　活動個体数の時間変化。それぞれの時間帯に活動していた個体の数がどのように変化したかを示す。

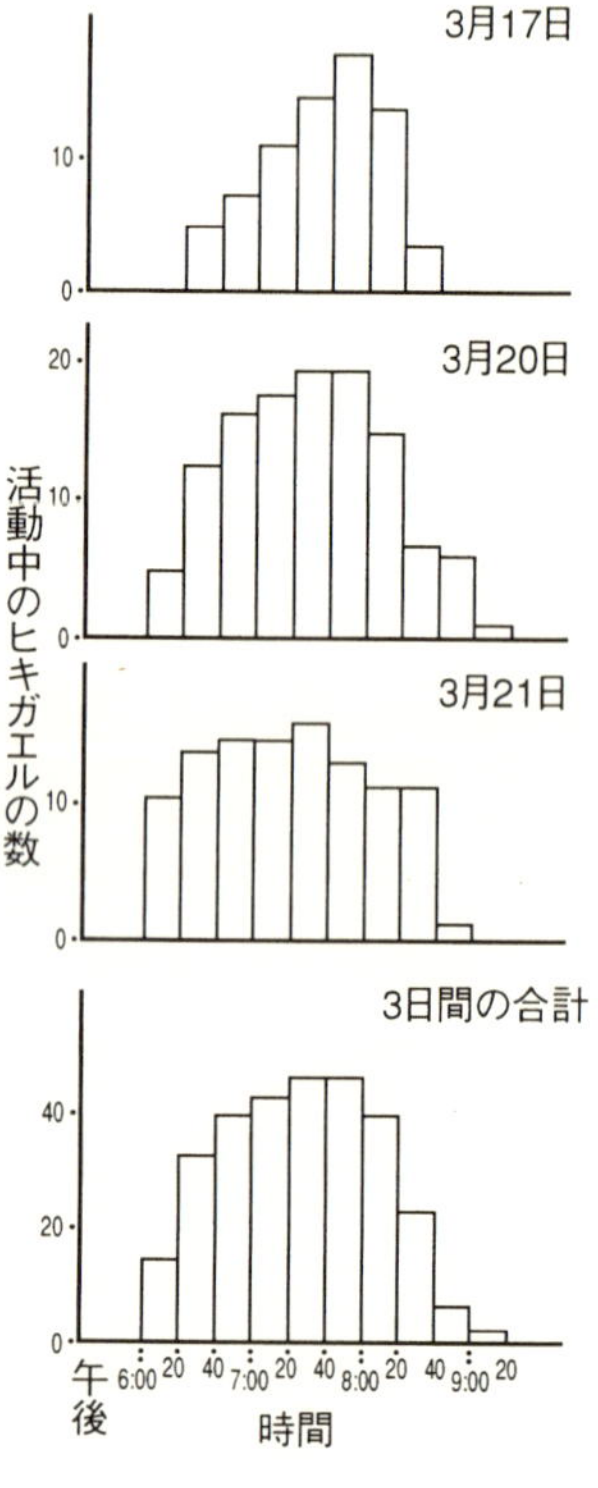

のかわからなくなる人がいるかと思うと、隣りからやって来て数が増えてしまい困る人もいます。自分の区域にはいつの間にか一匹もいなくなってしまう人もいるという具合です。また人によって上手へたがあって、一人で七匹も、八匹もの個体を間違えずに、かつ正確に追跡する人もあれば、たった一匹だけだった個体がちょっとよそ見をしていた間にどこに行ったかわからなくなってべそをかく人もいるといった具合です。

第14図に時間を追って活動していた個体の数がどのように変化したかを示しました。横軸が時間帯、縦軸が各時間帯に活動していたカエルの数です。これでわかるように、早い個体は日没と同時に姿を現わします。そしてほとんどの個体は九時頃までには動くのをやめて、石や倒木の下、あるいは地面の柔らかいところだと自分で穴を掘って姿を隠してしまい

ます。動きはじめるのは六時なので日没で暗くなるのが合図かと思うのですが、動くのをやめるのはなぜでしょうか。九時頃になると気温が五、六度に下がってしまいます。これが原因かとも思われますが、はっきりしません。その後、詳しい実験からその理由がはっきりしたのですが、それについては後に話しましょう。

さて、第13図の軌跡をよく見ると、ヒキガエルはなんとなく池の方向がわかっていて、池へ池へと移動しているように見えます。すなわち、でたらめに動き回っていて偶然に池を見つけるのではなく、池の方向を知っているように思われます。しかし、これではかなり主観的なので、なんとかこのデータを客観的に、科学的な方法で現わし直そうと思いました。そこで、第15図のような方法を用いてそれぞれのヒキガエルの移動の方向を角度で表わしてみました。ヒキガエルが最初にいた地点と池の中心点を結んだ直線Aと、ヒキガエルが最初にいた地点から最後にいた地点を結んだ直線Bとがなす角度を移動の角度としたのです。すなわち、池の中心に向かっていれば〇度、少しでも最終的に池に近づけばマイナス九〇度とプラス九〇度の間、池から遠ざかりもしないし近づきもしなければマイナス九〇度かプラス九〇度、池から遠ざかれば角度の絶対値が九〇度より大きくなります。そこで、地図上で作図をして各個体

第15図　移動の角度の考え方。出発点と池の中心および出発点と終点を結んだ2本の線がなす角度を「移動の角度」とする。

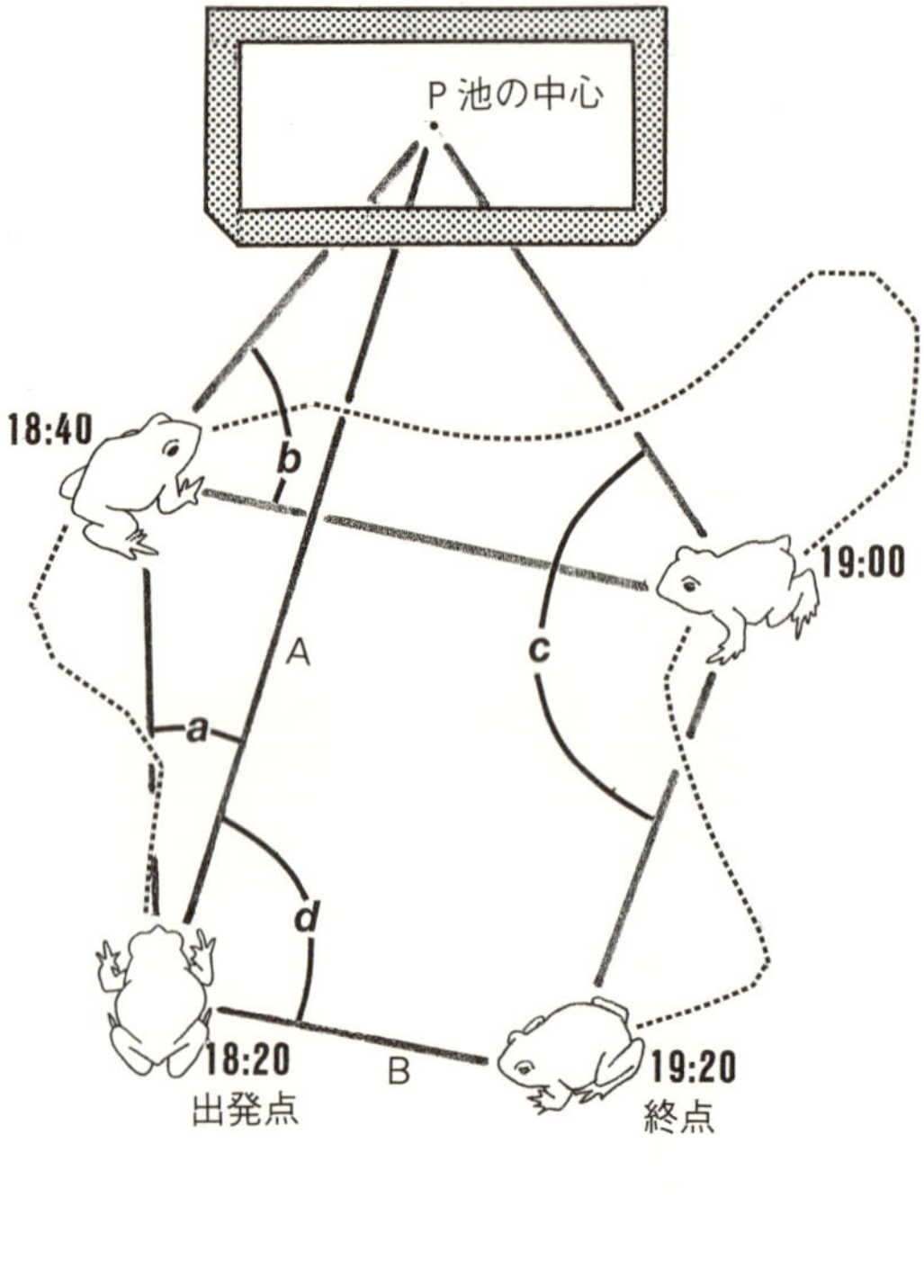

第16図　ひと晩の移動角度の分布。

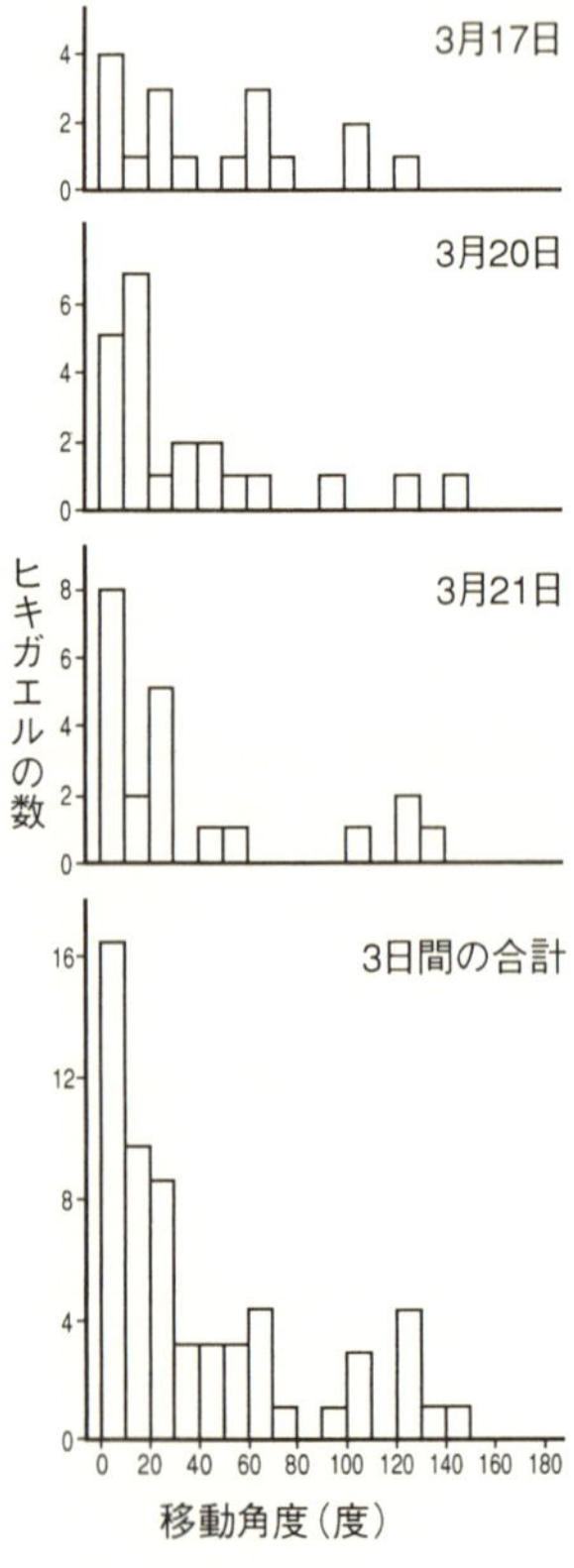

の移動の角度を調べてみたのです。

ここでは角度の絶対値を用いました。その結果が第16図です。一七日、二〇日、二一日の三日間の毎日の結果と、三日分を合計した結果です。この図を見ると、ほとんどの個体が池に近づくように移動していることがよくわかると思います。もし、偶然に池を見つけるのなら、この移動角度はいろいろな方向にばらばらに分布するに違いありません。ところが実際には〇度を中心に分布していることが明らかです。すなわちヒキガエルはなんらかの方法で池がどこにあるかを知っているのです。

ところで、外国ではある種類のカエルでは池の中で鳴く雄の声に雌やほかの雄が引き寄せられるという報告をしている人があります。その根拠の一つとして録音した雄の声を横から聞かせたら、移動の方向がそっちにずれたというのです。でもそれでは最初の雄はどうやって池を見つけるのでしょう。もしこれが本当なら、まずでたらめに歩き回る個体があり、それがやがて池を見つけると池でここだここだと鳴くので、その声にほかの個体が引き寄せられるのだろうと考えられます。もしそうだとすると、われわれの三日間の観察のうち、最初のまだヒキガエルが一匹も池にいないときには歩く方向がでたらめであるはずです。ところが、最初の日から移動の角度は〇度に集中して分布していますから、でたら

第17図　移動角度の時間変化。午後六時から九時までを二〇分ずつ区切って、それぞれの時間帯で、移動角度がどのように分布しているかを示す。

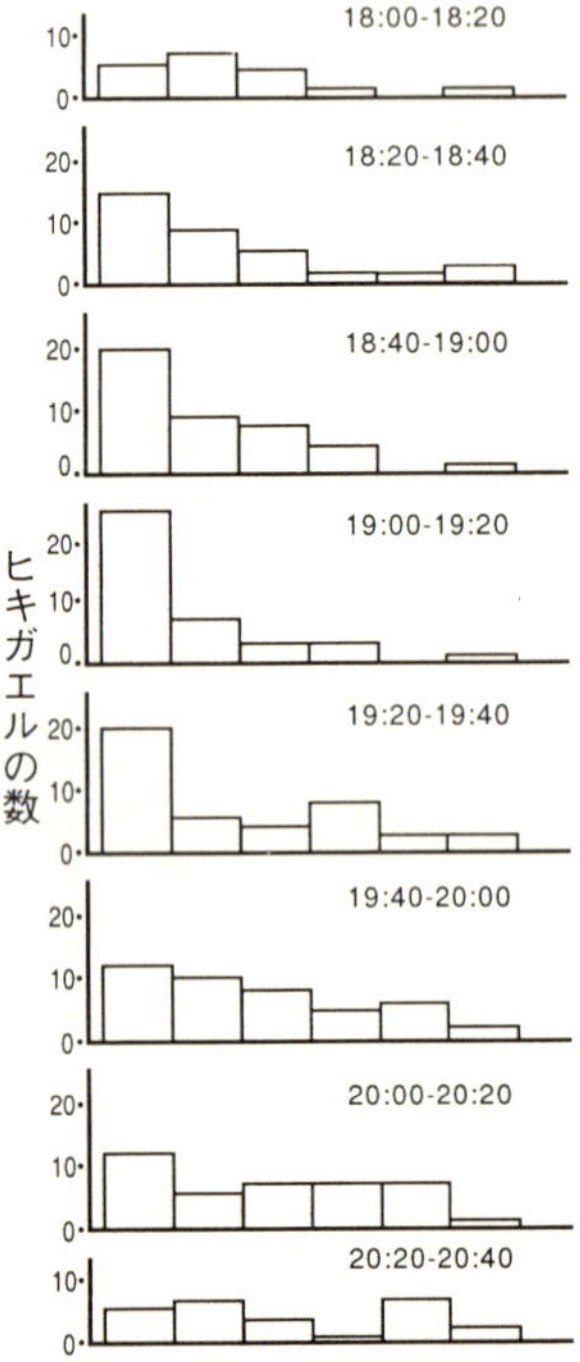

めだとは考えられません。もしかすると、毎日、最初に池に到着した雄の個体が鳴くのでそれにほかの個体が引き寄せられるということも考えられます。そうだとすると、一日のうちでも時間によって移動方向の分布が変わってくるはずです。すなわち、六時過ぎの移動がはじまった頃には移動角度の分布はでたらめで、時間がたつにしたがって〇度にだんだんと集中してくるはずです。

　そこで、移動の角度の分布を時間を区切って調べて、その分布が時間によってどう変わるかを調べてみました（第17図）。どうでしょう。やや乱れてはいますが、かなり早い時間から池の方向がわかって移動しているようです。池への集中度の最もよくなるのは午後七時から八時にかけての時間帯で、それを過ぎるとかえって集中は悪くなって、九時近くには個体数は少なくても方向はでたらめになってしまいます。すなわち、この結果からもヒキガエルは池で鳴いている雄の声に引き寄せられるとはいえません。ではなぜ、九時近くなると移動の方向がでたらめになるのでしょうか。

実は前にもお話したように、九時近くになるとヒキガエルは池に向かうのをやめにして、隠れる場所を探しはじめます。そこで、移動の方向がでたらめになるのです。池に向かう行動から、隠れ場所を探す行動に変わっていく様子が第17図に表れているのです。このように目で観察したヒキガエルの行動の変化も、ちょっとした工夫で客観的なグラフにして表わすことができますし、そうすると気がつかなかったようなこともわかるようになるのです。

一日の移動距離

さて、自由学園の池での観察では、ヒキガエルは一七日にはほとんど池には到着しませんでした。一八、一九日には行動したものはなくて、二〇日にはかなりのものが池に入りましたが、まだ池に到着できなかっ

第18図　近池点の図。17日から21日へと、時間を追うにつれて、池に近づいている個体が多くなることがわかる。

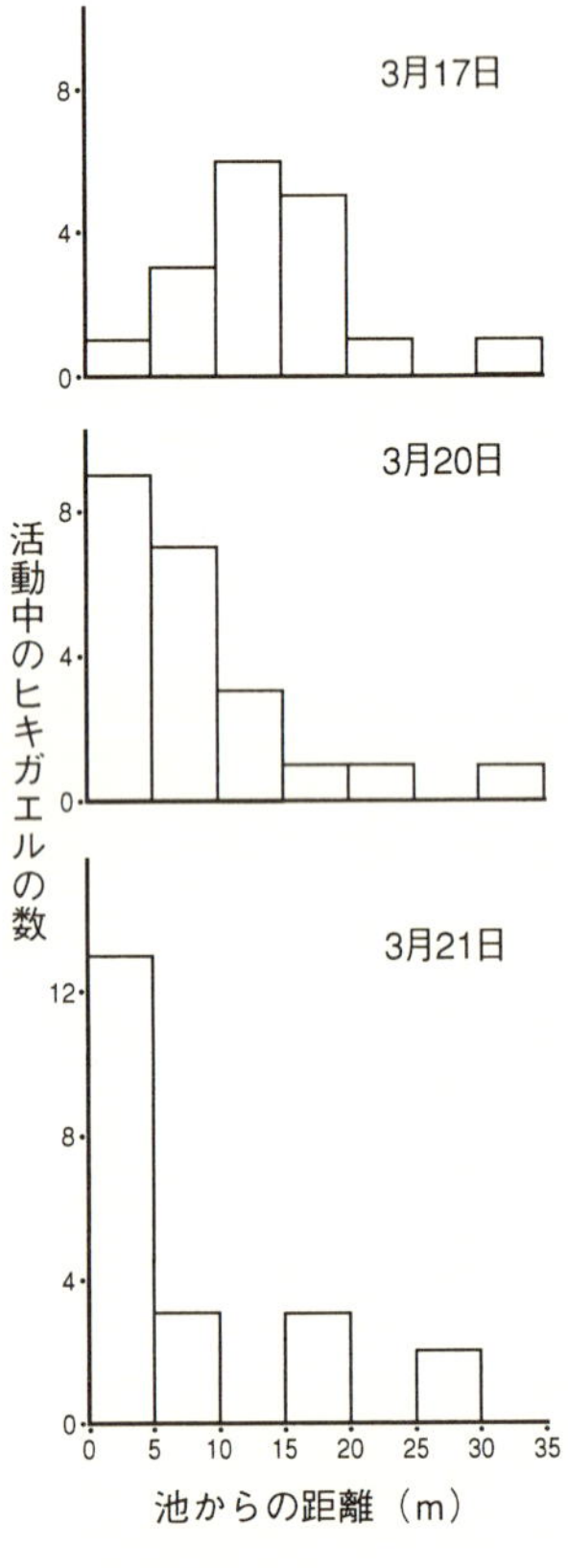

たものもかなりいました。すなわちヒキガエルは一日で池にたどり着くのではなくて、天候の具合のよいときを選んでは何日かかけて、池に到着するのです。登山でいう極地法というやつです。第一キャンプ、第二キャンプというように徐々に頂上に近づき、最終キャンプから頂上にアタックするというエベレスト登頂に似ています。この極地法はヒキガエルが昔から使っていたのです。

そこで、これもグラフにしてみました。ヒキガエルの軌跡のうちのその日のうちでいちばん池に近くなった地点（近池点）の池からの距離を一匹ずつ調べ、その分布を図にしてみたのです（第18図）。分布のピークが日がたつにつれて池に近くなっていきます。日数は少ないですが、一日に約一五メートルか二〇メートルくらいしか直線距離で池に近づいていないことが推察できました。意外に短い距離ですね。この結果から大内さんが「冬の間でも暖かい日にはヒキガエルが池に向かって少しずつ移動していく」と話していらっしゃったのも本当だと思われます。

科学的方法とは

仮説を立てること

この研究ではすでにお話したようにヒキガエルの繁殖池への移動については二つの可能性を考えました。簡単にいうと一つは「でたらめ移動説」、もう一つは「方向記憶説」です。このように自然科学ではかならずそれまでの知識をもとにしてある現象を説明する仮説を考えます。そして観察結果が仮説に合致するかどうかを調べるのです。この場合は相反する二つの仮説を考えましたが、観察結果は「でたらめ移動説」には合致せず「方向記憶説」に合致していました。もちろん、仮説は一つのこともあります。もしかすると一つのことの方が多いかもしれません。そして仮説を立てては否定していって、残った可能性をどんどんと狭めていくといったやりかたも使われます。

統計学的方法を使うこと

科学で重要なことの一つは客観性ということです。そこで私たちは軌跡で移動を表わすだけでなくて、それを整理してグラフにしてみたわけです。それも一つだけでなくて、知ろうとする目的によって異なる形式のグラフをつくりました。

もし私たちが観察結果を第13図のように軌跡だけで表わして、それからいろいろと論じていたとしたら、それは科学になっていないか、あるいはなっていたとしてもきわめて幼稚な状態だと言わざるをえません。これだけではまだ科学としては不完全なのです。そこで観察結果をある目的で見た場合にわかりやすいように整理して表わします。たとえば第16図のようにです。そして私はこの図を見て、ヒキガエルの移動方向は池の方向に集中していると結論しました。もしでたらめに歩いていたとしても偶然ある程度池の方向に集中してしまうおそれはないのでしょうか。この観察の場合は、かなり多数のヒキガエルを観察しているので心配はないという気はするのですが、それでも実際はどうなのでしょうか。第17図の場合なら、本来ヒキガエルはでたらめな方向に動いているのであるが、偶然この状態かそれ以上に○度に分布が集中してしまったということもないとはいえません。私たちは統計学の方法を使って、それはどのくらいの割合で起こりうるのかということ（むずかしく言うと確率）を計算してみるのです。そして、もしその割合（確率）がすごく小さいかどうかを調べます。実際には五％とか一％とかいう値を基準にしてそれより小さいかどうかを調べます。そしてもしその割合の値がこの基準より小さかったとします。そうすると偶然に起こったにしてはきわめて起こりにくいことが起こってしまったということになります。そこで私たちはこれは最初に、ヒキガエルの移動する方法がでたらめだと考えたことがおかしかったのであり、実際はその反対でヒキガエルの移動には方向性があったのだと結論します。このように、第16図や第17図のように整理した結果についても、それを統計学的に検討する必要があるのです。生物学の研究にはこのように生物学の知識だけでなくて、ほかの自然科学の分野の基本的な知識が必要になります。もっともこの本では個々の結果の統計学的方法での検討については省略してあります。

さて、このように自由学園での一九八一年の観察では

一、ヒキガエルは日没と同時に地表に姿を現わして活動をはじめる。

二、最初は池の方向に移動する。

三、移動は三時間以内に終わって九時までには石や木の下、あるいは

地中に隠れてしまう。

四、繁殖池への移動の直線距離は一日約一五メートルである。

五、ヒキガエルが地表に現われるのは曇ったり雨が降ったりしている日で、よく晴れている日には現われない。

ということが明らかとなりました。もっともこれらのことはまだ自由学園での観察だけなので、どこでも同じことが言えるというように一般化することはできません。ほかの場所では違っているかもしれないのです。

ところが翌年私たちはほかの場所でこれらのことが本当かどうかを調べざるを得なくなりました。実は翌年の春にこの自由学園の池は消失してしまったのです。学園では池のある場所のすぐそばに講堂を建てることにして、その工事のために池がなくなってしまいました。またもや困難が襲ってきたのです。しかし、今回も私がヒキガエルの集まる池を探すのに苦心をしているという話しを伝え聞いた、私がいた研究室の後輩の浦野明央先生（現在は北海道大学教授）から情報が入りました。これも学科の先輩の埼玉大学の石原勝敏先生が野火止の平林寺の池でヒキガエルを採集していらっしゃるというのです。そこで、石原先生の了解を得てから平林寺にお願いに上がりました。庫裏の玄関で出ていらっしゃった若いお坊さんに「こちらの境内の池のヒキガエルを研究に使わせていただきたい」とお願いしてみました。しばらく待たされてからの返事は「フースさんがおっしゃるにはすぐにはご返事できないので四、五日しておいでください」とのことでした。さてこのフースさんというのは何かと思って調べたらどうも副司という字で、禅宗の寺でお坊さんの役の名の一つのようでした。数日してまた行っておうかがいしたところ、「副司さんがおっしゃるのにはお使いになって結構ですとのことでした」という返事でした。

池の場所を知る手がかりはどこにあるのか

自由学園での研究ではヒキガエルが池のある場所を知っていることがわかりました。そうすると次の問題は「何を手がかりにして池のある場所がわかるのだろう」ということになります。さきにちょっとお話したようにヨーロッパやアメリカでは、ヒキガエル類を含むいろいろな両生類で、どうやって繁殖場所の池を見つけるのかという問題についてはかなりの数の研究が論文として発表されています。そしてその結論は研究者によって、また種によって、もっとひどい場合には同一の研究者が同じ種についてさえも、論文によって言っていることが違っているのです。太陽、池での雄の鳴き声、池からくる臭い、地磁気、通り道についての地理的記憶などです。鳥類については太陽どころではなく星座を見て渡りの方向を決めているという研究もありますし、昆虫では偏光を感じて移動する方向を知るという研究もあります。

そこで私はまず問題を少し整理してみました。こういった過去の研究の多くでは、第一に、どこからその方向を知る手がかり（信号）が来るのかという問題と、第二に、どのような感覚器でその手がかり（信号）を知覚しているのかという問題をはっきり区別して研究してないのです。そこで、私はまず第一の問題から調べていこうと思い立ちました。これまでの両生類（ほかの動物についても）での研究結果を整理してみると信号が来るもとについては次の三種が考えられます。すなわち

①天体：太陽や星座の方向、地球（地磁気）など

②池：池からの雄の声、池の水中の化学物質、湿度、水面の光の反射など

③通る道筋：目で見る地表の物体、地面の臭い、地表の傾きなどです。たぶん、この三種以外にはないと思われます。そこで池を見つけ

るのにこの三種のどれをヒキガエルは使っているのかを明らかにするには、どのような実験をすればよいかを考えました。はっきりした答えを出すには優れた実験のデザインが不可欠です。上記の三つの仮説のどれが正しいかを決めるのはどのような実験をデザインするべきかをそれから毎日のように考えました。

小林英司先生の研究室にいたときに、小林先生からよくいわれました。「石居君、君はもっと考えなければいけません。僕はですね、何か問題があると一日中、四六時中考えています。二日でも三日でも、一週間でも、一か月間でも考えているのですよ。そうすると必ずそうだとよいアイディアに思い当たるのです。君は熱意が足りないです」とおっしゃったのです。その頃、私は少しこの忠告に反発を感じました。先生には研究だけしかないからそれでよいでしょうが、僕には聴きたい音楽もあるし、読みたい小説もあるし（当時、ジェムス・ボンドのシリーズが次々と出版されていて、先にお名前の出てきた平野哲也先生とも借りたり貸したりして、新しい本が出るたびに争って読んだものでした）、結婚したばかりだし、「僕には無理だ」と思っていました。

しかし、後になるとだんだんと私にもそれが出来るようになってきたのです。何も本当に四六時中というわけではありません。たとえば、電車に乗るとすぐに考えはじめます。お風呂に入ってもです。夜眠る前に布団に入るとすぐに考えはじめます。そして考えながら眠り込みます。朝、目がさめると夕べの続きを考えます。このようにしていると、愚かな私でも、あるときふっと頭の中で何かと何かが結びついて、ときには素晴らしいアイディアが浮かぶのです。暇があるといつも考えているというのが重要なのです。電車を降りるべき駅を過ぎてしまったり、お風呂の湯がさめてしまったりというようなことがときどき起こります。よく、家に帰った後や、休みの日は仕事のことをすっかり忘れることがよいといいますが、研究者はその間でも頭のどこかで考えているのかもしれません。このときも、暇があるといつの間にか考えているうちに、素晴らしい実験のデザインが思い浮かびました。ヒキガエルが池を見つける手がかり（信号）のもとはどこかについては三つの可能性が考えられると言いましたが、そのうちのどれが正しいかを、たった一回の実験で明らかにすることができるという実験のデザインです。この三つの可能性はそれぞれ排他的（どれか一つが成り立つときには、ほかは成り立たない）で、しかもこの三つのほかに可能性がないとすると、少なくとも二回の実験は必要です。念を入れれば三回となるでしょう。

ところが私が思いついた方法は一回でよいのです。

さて、前置きはこれくらいにしてその実験計画についてお話ししましょう。第19図をご覧ください。いま、一匹のヒキガエルが池からかなり離れたところを池に向かって歩いていたとしましょう。これを捕まえて、急いで池のちょうど反対側の、同じくらい池から離れたところまで持っていって、そこで放すのです。さてどうでしょう。もし、①の天体説が正しければ、ヒキガエルは最初に歩いていた方角に歩き続け、池から離れていくに違いありません。もし②の池からの信号説が正しければ、ヒキガエルはそこで方向を逆にして池に向かって歩いていくに違いありません。そしてもし③の道筋説（地理説といってもよいかもしれません）が正しければ、ヒキガエルは迷子になってでたらめの方向に歩き回るか、あるいは動けなくなるに違いありません。

平林寺での実験

さてそこでいよいよ平林寺の境内の中の池（新池）で実験をと思ったのですが、気を落ち着けて、最初の年（一九八二年）にはまず地図を作ることと、三月一二日から一九日にかけて、自由学園で得た結果がここでも成り立つかを確認する観察からはじめました。第20図aにもあるように平林寺の池の周囲でも自由学園と同じようにヒキガエルは池のある場所がわかっているらしく、池の方向に向かって移動していることが確められました。この図では移動の角度は絶対値ではなく正負の両方を用いてあります。

ここでちょっと、新池のまわりの様子を説明しておきましょう。池の南側はまばらなクヌギ林が池の縁近くから五〇メートルほど続き、林の終わりにはチャの木が一列にクヌギ林の縁に沿って植えてありました。チャの木の奥はヒノキかアスナロみたいな樹の林がずっと続いていたのだったと思います。池の北側はところどころ灌木《かんぼく》の生えた草地が一〇〇メートルくらい続いていました。池の東側はツバキなどを主体とした背の低い木が点々と植えてあって草が茂っていました。最後の西側は丈の高いマツ林でしたが林床はササがびっしりと生えていました。ヒキガエルがいちばんたくさん来るのは池の西側でしたが、西側は地表がササに覆われていて見えないので観察には適しませんでした。北側からも、南側からもヒキガルが来ますが、東側からはほとんどやって来ませんでした。幸い、南側のクヌギ林は下草もまばらで丈も低かったので観察には絶好でした。そこで、この南側のクヌギ林と、北側のこれも丈の低い草地を実験に使うことにしました。北側からもヒキガエルは来ないわけで

第19図　三つの仮説。上から①天体説、②池からの信号説、③通る道筋説。

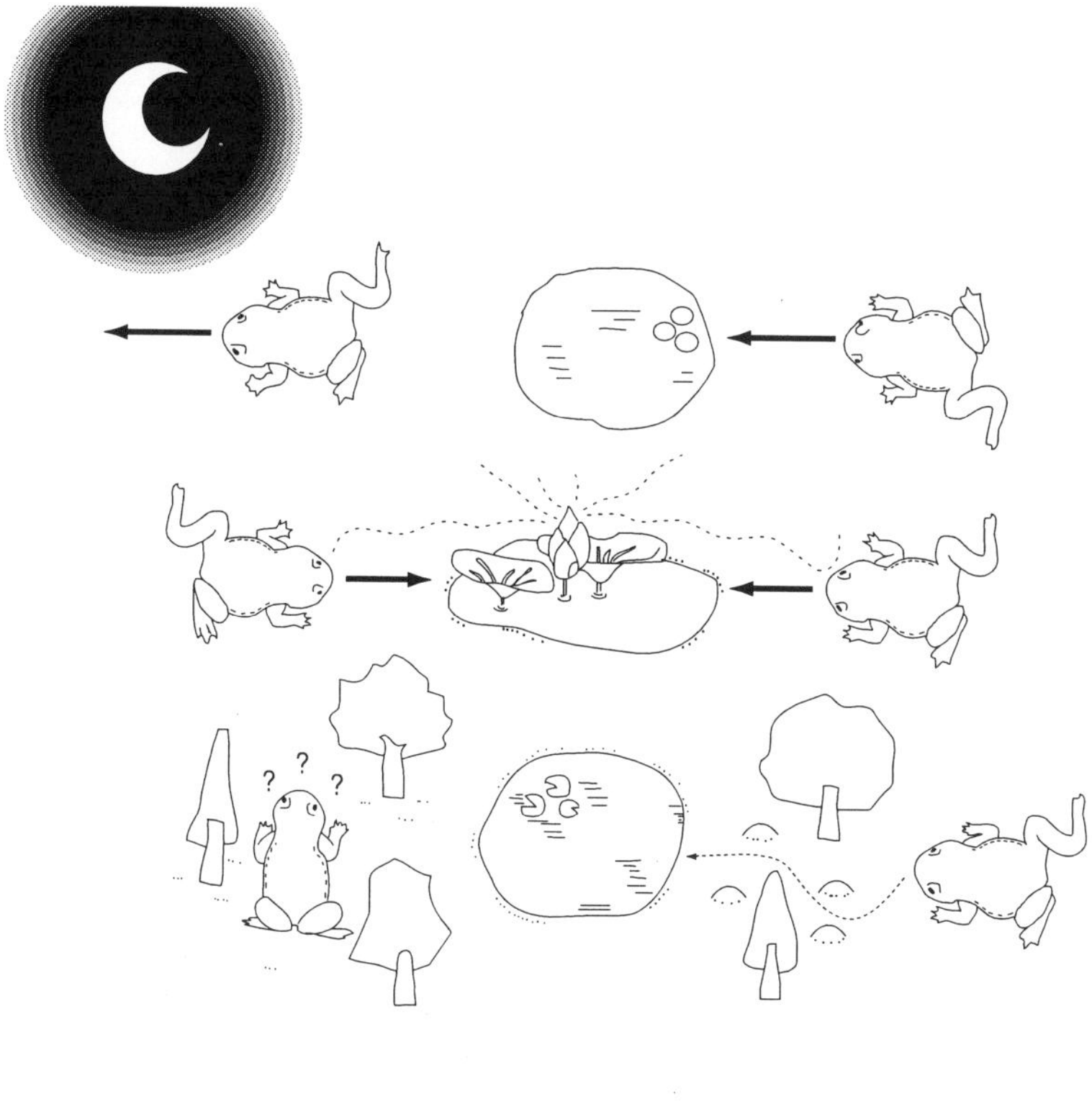

はなかったのですが、実験の際には北側のヒキガエルは見つかり次第捕まえておいて、邪魔にならないようにしておくことにしました。

いよいよ、一九八三年も三月になり、平林寺の新池の周囲にもヒキガエルの姿が見えはじめました。そこで、二一日から二七日にかけて南側のクヌギ林のはずれにあるチャの木の下あたり（池の縁から約五〇メートル離れている）から出てきて池に向かうヒキガエルを次々と捕まえ、二頭捕まえるごとに一頭は小さなボール紙の箱に入れ、箱を黒い布で覆って外の様子を見えないようにして、池の東の縁に沿って急いで反対側の北岸に運搬し、池の縁から約五〇メートル離れたところで箱から出して放しました。もう一頭の方も同じような箱に入れ、黒い布で箱を包んで池の東の岸を五〇メートルくらい運んだら後戻りし、はじめに捕まえた位置で放しました。これは運搬したということだけで、それが運動の方向に影響を与えるといけないので、それを確かめるために行なったのです。私たち、研究者は前者のようなのを実験群、後者のようなのを対照群と呼びます。

このようにして池からヒキガエルが上陸しはじめるまでは毎日、捕まえては池の反対側に移したり、もとの位置で放してはその後、どのように移動するかを一頭一頭について記録するという作業を繰り返しました。

追跡していた個体がすべてどこに行ったかわからなくなってべそをかく学生、地面がぬかるんでいるから転ばないように気をつけて歩きなさいと注意したら、注意が終わったとたんに転んで泥だらけになる学生など、これもなかなかたいへんな野外実験でした。

さて肝心な結果はどうでしょう。第20図bをご覧ください。対照群のヒキガエルはほとんどが池に向かって歩いています。すなわち捕まえて箱に入れて運んだくらいでは、もとの位置に戻しさえすれば移動方向にさして影響はないのです。ところが実験群（第20図c）の方は完全に向かう方向がでたらめになってしまっています。すなわちヒキガエルは天体を使って池の方向を決めているのでもなければ、池からの信号を捕ま

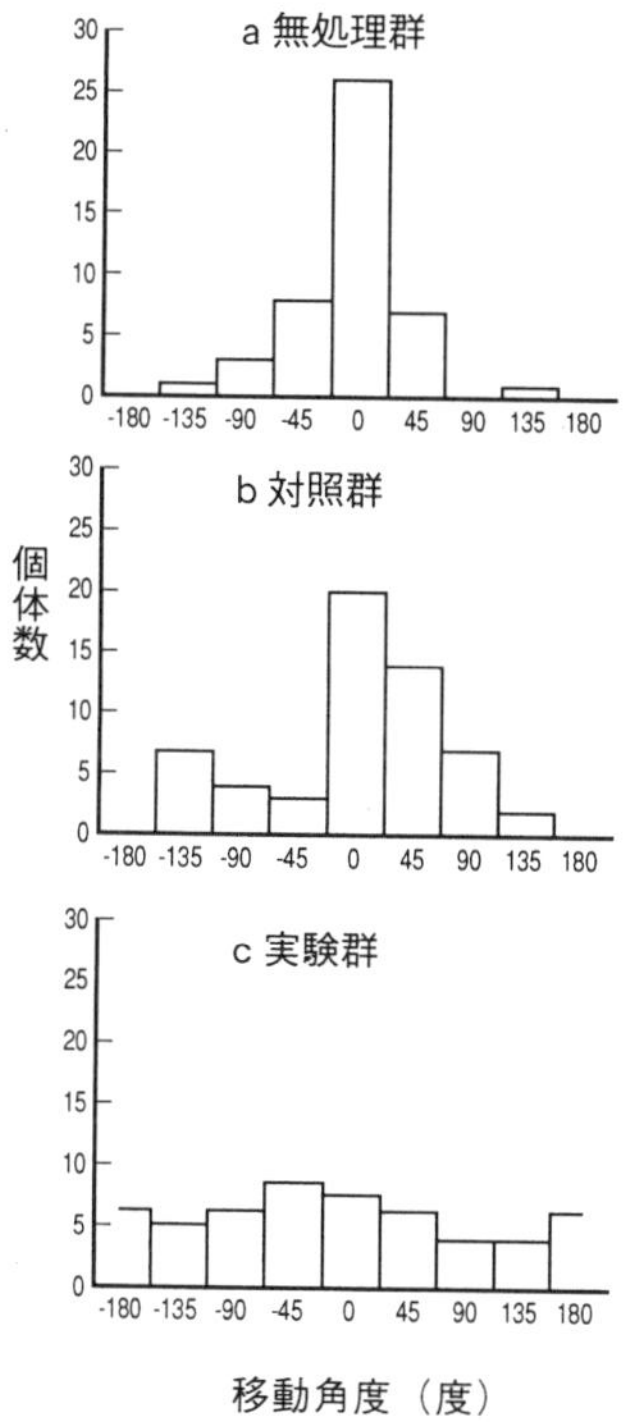

第20図　平林寺で調べたヒキガエルの池への移動角度の分布。捕まえて池の反対側に運んだ実験群では、移動方向がばらばらになっていることがわかる。

えて池の方向を知っているのでもないのです。なんらかの方法で道筋を記憶していて、それで池に行く道を見つけているのです。ヒキガエルは局所的な地図を持っていて、それを使って池を見つけるといってもよいかもしれません。

これは私にとっても、いっしょに実験をしていた学生たちにとっても本当に意外でした。

池をなくしたヒキガエルは?

この頃までに私たちはもう一つのおもしろい観察をしていたのです。実は自由学園の池がなくなったということは、池を掘り取ったらヒキガエルは池のあったところに集まるかどうかという壮大な実験になったということになります。もし、ヒキガエルが集まらなければ池からの信号を使って池を見つけていることになりますし、もし池を掘り取っても集まってくるなら、池からの信号は使ってないことになります。池のなくなった一九八二年の春に自由学園の池の跡に行ってみると、池はなくても、池のあった場所に十数頭のヒキガエルが集まっていて、しかも池がないので雨でぬれた地面に卵を産んでしまった雌がいました。一九八三年の春にも集まって来たということです。したがって池からの信号は使ってないことはこの観察からも確かめられました。これはおもしろい報告が書けると思って念のためにデータ・ベースを使って過去の研究を調べてみたら、英国でも宅地開発でなくなった池の場所に三年間も続けてヨーロッパヒキガエルが集まって来たという報告がすでに出版されていました。

このようにして、私たちはついにヒキガエルが池を見つけるのは、池からの信号を使っているのでもなければ、太陽や月などの天体、あるいは地球の磁気などを使っているのでもなくて、われわれが歩いたことのある道をあたりの記憶を頼りに歩いたり、地図を片手にあたりの様子と地図とを照合しながら歩くように、通る道筋をなんらかの方法で記憶していてそれを頼りにして池に向かうことがわかったのです。

ヒキガエルが持つ地図は?

次の問題はヒキガエルはどんな感覚を使って池への道筋をたどるのかということです。もし視覚《しかく》を使っているならヒキガエルの使っている地図はわれわれ人間のような視覚地図でしょうし、もし嗅覚《きゅうかく》を使っているなら嗅覚地図とでもいうものでしょう。あるいは視覚的記憶とか嗅覚的記憶といったほうがよいかもしれません。そのほかにも触覚《しょっかく》による記憶とでもいうものも考えられます。そこで一九八四年の春にはこの感覚のうちから視覚と嗅覚について調べようと計画しました。

ところがまたもやここで困難が襲って来たのです。一九八三年の繁殖期の仕事が終わって平林寺の庫裏に顔を出して、今年も誠にありがとうございました。来年もよろしくお願いしますと挨拶をしたところ、「来年からはお出でいただかなくても結構です」という返事なのです。驚いて理由はと尋ねると、「聞いておきますので後程ご連絡ください」とのことです。そこで二、三日してもう一度行ってみたところが、「修行の妨げになりますから」という返事でした。

新池はお寺の建物からかなり離れたところにあって、しかも間には林があって視覚的にも遮られています。出入りも山門からはるかに離れたところにある別の入り口を利用して、直接池に入っています。そこで修行の妨げになることはまず考えられないのです。ところが不思議な話が自然保護運動をやっている方から入って来ました。平林寺の自然を守る会の会長さんという方が「早稲田の人たちは新池のヒキガエルを採集しているのかと思っていたら、そうではなくて、よそのヒキガエルまで新

第21図　ヒキガエル

池に放しているとは不届きだ」といってひどく立腹されたというのです。

そういえば思い当たることがありました。実はこの年の実験の最中にちょっとした事件があったのです。われわれが新池で実験をしていると、若い坊主頭の男性がやってきました。若い修行僧かと思っていると、なんと脇に抱えていたダンボールの箱からヒキガエルをつかみ出し、次々と池の中に投げ込みはじめたのです。あわてて駆けつけてたずねてみると彼は早稲田大学の系属校である早稲田実業の学生で、栄えある野球部員であり、教育学部体育学専修に進学が決まっているというのです。その栄えある早実野球部の彼がなんでこんなところで、種まきならぬ蛙まきをしているのかと追求すると次のような返事でした。彼は石神井に住んでいて、彼の家の庭に池があってそこに毎春、ヒキガエルが繁殖にやってくるそうです。しかし、この頃は家の前の道路の交通が激しくなって、たくさんのヒキガエルが自動車にひかれてしまうそうで、そこでこの池なら大丈夫だろうということで、ここにすべて放してやることにしたというのです。

そこで、私は彼に私たちの実験の概要を話してあげて、彼の持って来た残りのヒキガエルは私が実験の後で、この池なりほかの池なりに放してあげるからといったら、彼は嬉しそうに帰っていきました。この後に私は一つ不正直なことをしてしまったのです。そのすぐ後に、埼玉大学の石原先生の研究室の人が、実験用に産んだばかりの卵がいるので、産卵をさせるヒキガエルを採集したいというのです。そこで、彼が石神井から持って来た残りのヒキガエルを全部差し上げてしまいました。私が自然保護関係の人から聞いた話では、ある出版社で自然関係の本の編集に携わっておいでの方が、ある会合で平林寺の自然を守る会の会長さんに会って、息子さんから聞いたという私たちのことを、会長さんに話したのだそうです。察するに、この息子さんとは私が平林寺で会った蛙まきの青年に違いありません。

さらに私が聞いた話では平林寺の境内にはめずらしいコオロギの一種がいて、これが絶滅しそうになっているのだそうです。会長さんは絶滅の原因の一つは新池で繁殖している多数のヒキガエルではないかと考えておいでした。そこで私たちがヒキガエルを捕まえて解剖か何かをして殺しているかと思って喜んでいたら、ぜんぜん殺さないで、しかも石神井のまで放していると知って立腹されたという話でした。これは伝聞なのですから保証の限りではありませんが。

実は私もこの平林寺の自然を守る会の会長さんについては、かつて新聞で読んでいて立派な方がいらっしゃると感心したことを記憶しています。たしか、戦後間もない頃、平林寺の建物が経済的な問題で手入れができず、あちこち壊れてきていたので、檀家の人たちが境内の樹を切って売って、そのお金でお寺の修理をするように和尚さんにせまったのだそうです。そのとき会長さんが平林寺の自然を守る会を組織して、平林寺の林は武蔵野の大切な自然なので切るべきではないという運動を起こし、先祖伝来の林を守ろうとした和尚さんを助けたというのです。それ以来、和尚さんは会長さんを大切な相談相手にしているという記事でした。

そこで私は会長さんにお目にかかってお願いしてみようかとも思ったのですが、一、二の方に意見をうかがったら、会長さんは非常に熱心な方で、そこに似たような私が熱心に頼んだら、大衝突になりかねないからやめた方がよいということでした。それに会長さんについての話しは伝聞ですし、会長さんと平林寺の和尚さんが相談したかどうかはわからないし、しかも断られた理由は修行の妨げということですから、私としては残念ながら、平林寺の調査地はあきらめることにしました。

そこでただちに次の調査地探しにかかりました。国際基督教大学構内、小金井公園が候補に上がりました。国際基督教大学では勝美教授のお世話で大学の許可をいただき、一春の間、毎日調査に行ったのですが、どういうわけかヒキガエルの姿はなくて大失敗でした。次の小金井公園では当時あった伊達門の前のコの字型の池にヒキガエルがたくさん集まります。しかしそのほとんどは夜間は閉鎖されている武蔵野郷土館の構内から現われるのです。外から来るのでは個体数が少なくてあまり十分なデータとはなりませんでした。

そうしていた頃に国立環境研究所の春日清一先生から環境研究所の構内に池があって、そこである程度の数のヒキガエルが集まるという情報をいただきました。そこで当時の研究所長の江上信雄先生にお願いして構内での夜間の調査や夜遅くなったときの宿泊の許可をいただきました。ここではまず視覚が池への道筋をたどるのに必要かどうかを調べることにしたのです。

このように、私たちの研究で最も苦労したのは調査地探しでした。科学的な苦労なら当然ですし、努力のしがいもあるのですが、調査地探しには常に社会的問題や人と人との関係の問題がかかわってきて苦労のしどおしでした。しかし、研究者といっても社会との関わりのなかで生きているのですから、これを逃げるわけにはいきません。そして、研究上の謎が興味深いほど、こういった面倒くさい問題が起こってもそれをなんとか克服しようという気持ちが強くなります。もっとも私はこういった社会的問題の解決についても幾分、おもしろがってやっている面もないとはいえません。

目が見えなくても池を見つけられるか

この実験での仮説は当然、ヒキガエルは池への道筋を目で見てたどっていくということです。そこで、もし視覚を完全に奪うか、視覚の一部を妨げれば池への道筋をたどれなくなるはずです。ただ、ここで一つの問題があります。先にお話したようにヒキガエルが活動をはじめるのは日没直後からです。すなわち暗くなったことをどこかで感じ、それで池への移動を開始しているはずです。脊椎動物の光を感じる器官は眼以外にもあるのですが、なんといっても眼である可能性が大です。そこで明暗は感じるが物の形は見えないというような状態にする必要があると考えました。このような場合にいちばんよいのは専門家に相談することです。幸いに当時、大学院学生として私の研究室にいた窪川かおるさん(早稲田大学の生物学教室で最初に博士号をとった女性で、現在は東京大学海洋研究所助手)が叔母様に当たる眼科医の山中妙子先生を紹介してくださいました。先生は視覚についていろいろな研究をした経験をお持ちで、明暗はわかっても物の形は見えないようにする手術を教えてくださいました。角膜《かくまく》を硝酸銀《しょうさんぎん》の溶液で処理して白濁させる方法や、水晶体の中心を外科的に白濁させて見えにくくする方法などです。教えにしたがって、これらの方法で予備的な実験をやってみたのですが、どうも意外なことにヒキガエルはそんなことでは平気で池にやってきてしまうようなのです。もしかすると手術が不完全で本当は見えているのかという心配が残ります。ヒキガエルに目が見えるかどうかを聞いてみるわけにはいきません。

そこでどうしたらよいかという議論をみんなではじめました。当時の大学院の学生だった山内洋君（現在は和歌山医科大学助手）だったか、安東宏徳君（現在は北海道大学理学部助手）だったかが、上下の瞼《まぶた》を縫いあわせる方法を考え出したのです。ヒキガエルが痛がるのではないかと心配したのですが、手術中も、手術後も平気の平左で、麻酔が覚めると眼がよく見えないものですから、落ち葉でも顔についたかというようなそぶりで、一、二回、手で顔をぬぐう程度で、あとは気にしない様子でした。われわれでも瞼を閉じると当然、物は見えませんが、外界の明暗程度は感じることができます。そこでヒキガエルも瞼は閉じていても夜か昼か程度はわかるだろうと思った次第です。瞼が完全に閉じられて

第22図　ヒキガエルの目は、池を探すのに役立っているのだろうか。

いるかどうかはていねいに観察すればわかります。それからおもしろいことにこの手術をしたヒキガエルは四、五週間たつと自然に糸が抜けて瞼が開くのです。

この実験ではさらに二、三の方法の改善がなされました。一つはヒキガエルの追跡の方法です。これまではヒキガエルが移動した軌跡を、人間が地図の上に現地で見ながら記入するという原始的なものでした。この方法にも学生諸君から批判が出て、電波発信機をつけたらどうだというような意見も出されました。しかし、私はアメリカの研究者の論文で糸車と糸を使って移動を調べたという簡単な記述を読んだことを覚えていたので、ミシン糸の糸巻きを木の棒に釘付けにして、糸の端をヒキガエルに結び付けておく方法を提案しました。ところが、これを試みてみた高田耕司君（現在は慈恵会医科大学医学部助手）、田崎陽子さん（現在は東京都老人研究所勤務）からの報告では、糸が草木に絡まったり、その結果切れてしまったりして、ものの役に立ちそうにないというのです。

そうかといってあきらめるわけにはいきません。私たちは昼間は大学でほとんどいつもの仕事をしていて、筑波にある環境研究所に行きっきりにするわけにはいかないのです。それには四六時中ヒキガエルに張り付いている必要のない追跡装置が必要なのです。そこでまた小林英司先生を思い出してみました。先生ならこの場合どうなさるかです。たぶん、「石居君、君は熱意が足りないですよ。だってアメリカの人ができたのでしょう。それだったら君だって工夫をすればできるはずですよ」とおっしゃるに違いありません。そこで私は学生たちと相談して、糸の品質を変えたり、太さを変えたりしてみました。その結果、時には糸が切れることがありますが、適当な種類の糸さえ選べば十分に実用に耐えるまでになったのです。

また、ヒキガエルの移動そのものを表現する方法ももう少し科学的にしました。一枚の図で個体ごとの移動の角度だけでなく、距離も表わし、かつ池への平均角度や移動の平均距離も表わせる方法です。第23図のように移動の始点から池の中心への方角を〇度とします。そして移動の始点から終点までを結んだ直線（これは長さと角度と方向を持っているので数学でいうベクトルに当たります）を使うのです。図にはどの個体も移動の始点を原点にとります。そして直線（ベクトル）の終点を図上にスポットしました。要するに図の上が池の方向で、原点から見た丸の方向が上に近ければ近いほど、池に正しく向かっていることになります。また原点から丸までの距離が直線的な移動距離を表わしているわけです。

こうすれば一枚の図で各個体が池に対してどんな角度でどれだけの直線距離を移動したか、また全個体の平均はどうかが一目瞭然にわかります。

さて、前置きはこれくらいにして、実験結果はどうだったのでしょう。第24図を見てください。個体数は少ないですが、両瞼を縫い付けて完全に眼を閉じたすべてのヒキガエルが驚いたことには見事に池の方向に向けて移動しています。角度も距離も、瞼に針を通しただけで目をふさがなかった対照群とほとんど変わりません。池の方向への角度は対照群のほうがばらつきがはげしいくらいです。驚いたことに池を見つけるのには物の形など見えなくてもヒキガエルにとってはなんの不便もないようです。

こうして、ヒキガエルは目が見えなくても繁殖のための池を見つけるのには、なんの不自由もないことが明らかとなりました。

このとき宿舎の心配などをしてくださった環境研究所の所長だった江上信雄先生は私が大学院の学生だったときに同じ講座の講師をしていらっしゃいました。そして、私の処女論文は、江上先生との共同研究で、メダカの骨格に雌雄で差があることを明らかにしたものでした。またその後にも、カワハギの雄の外形的な特徴を、雄性ホルモン処理で雌に出

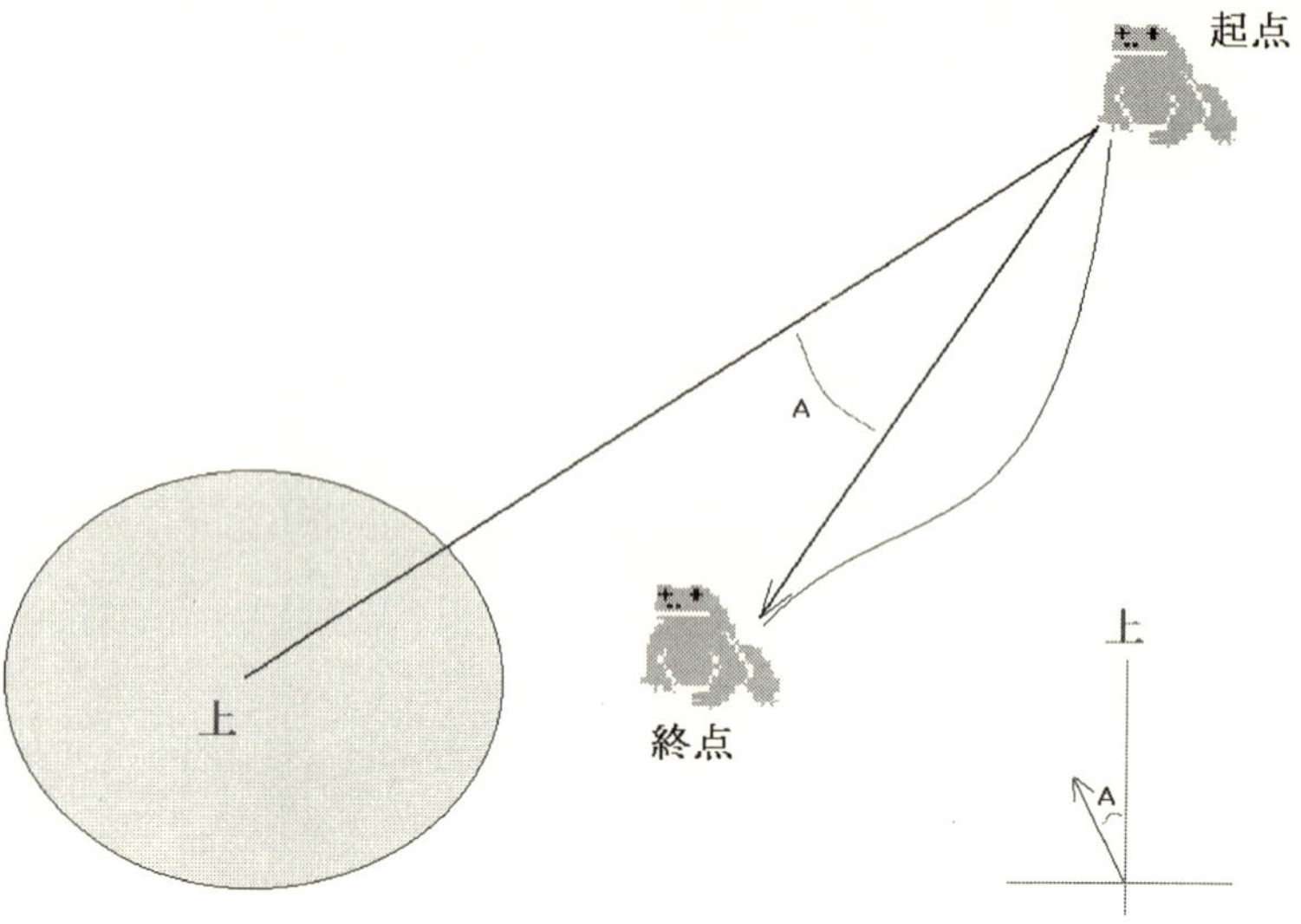

第23図　ベクトル表示の考え方

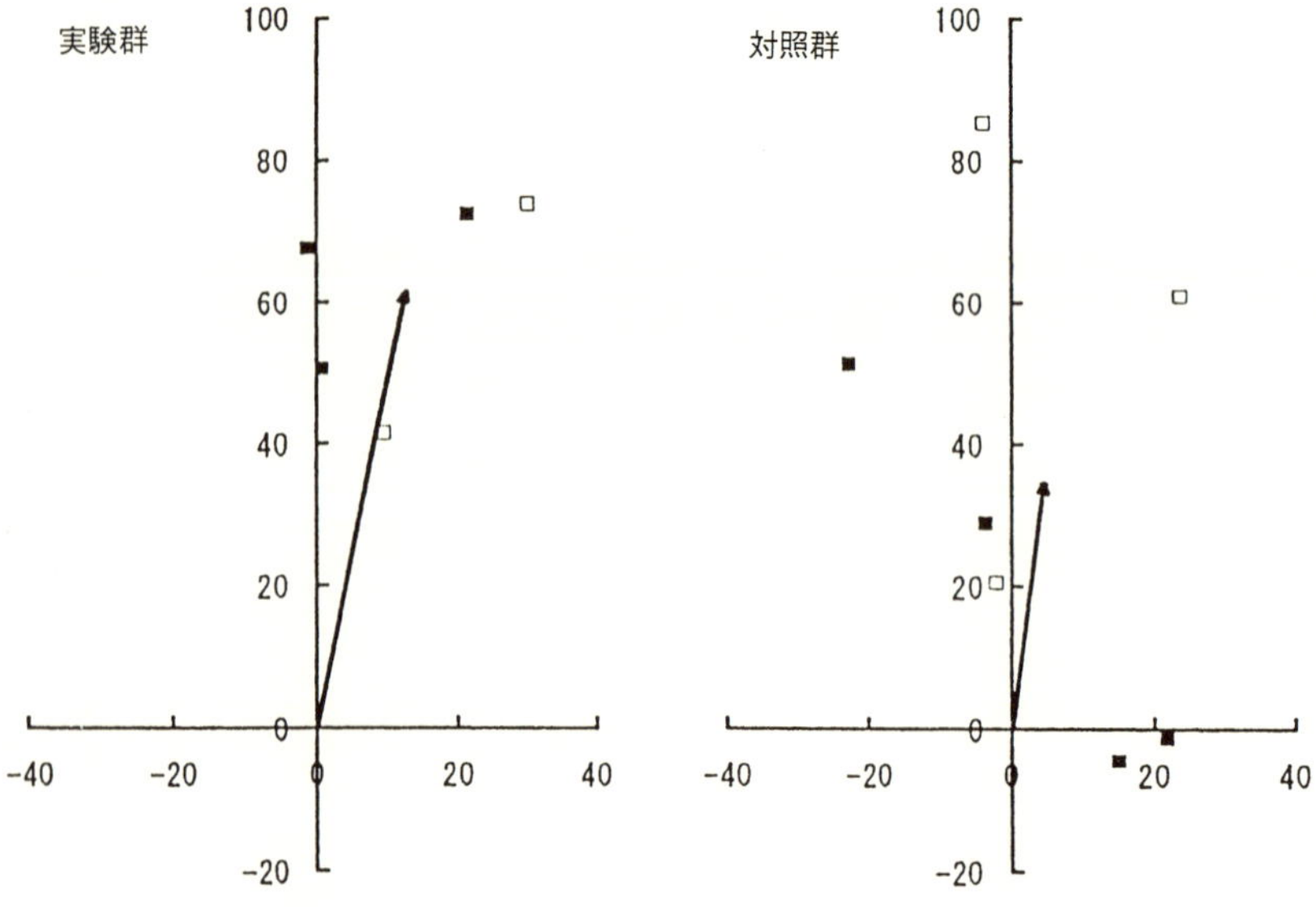

第24図　目を見えなくしたヒキガエルの追跡結果。池への移動角度で示した。

現させる研究などいくつかの共同研究が論文として発表され、カワハギの研究の写真はワシントン大学のオーブレー・ゴーブマン教授がお書きになった内分泌学の教科書に掲載されました。

江上先生はとっても生活態度がきちんとした方で、お酒も召し上がらなかったし、遊んで歩くというようなことはほとんどない方でした。毎朝、七時には研究室にいらっしゃって研究材料だったメダカの世話をなさり、これが一年三六五日よほどのことがなければ絶えることがありませんでした。その先生がその一年ほどあと、私のところに突然電話をくださって、いっしょに佐渡へ行き、遊びかたがたトキも見てみたいとおっしゃるのです。その頃から私は環境庁と新潟県のトキの人工増殖計画に関係していました。

そこで江上先生と二人でトキ保護センターに行き、近辻宏帰さんから雌のキンや雄のミドリを見せていただいたり、センターの景山さんの案内で新潟大学理学部付属臨海実験所に旧知の本間義治先生をたずねたり、尖閣湾などの景勝地を回ったりして一泊しました。その夜はホテルで夕食後や朝食後に四方山話をして、ゆったりした旅行を楽しんできました。実はこのとき江上先生は癌の発病を知っておいでだったようなのです。私は何も知らずに、かっては地方の学会に出席なさっても会が終わるや否や、どこもよらずにあたふたと真っ直ぐ帰京なさる先生がこんな旅行をなさるのは、お年をとられて考えが変わったのかと不思議に思っていました。でも私も三〇年前の学生時代のような気持ちに帰って江上先生とひとときを過ごせて本当によかったと思いました。

江上先生が残された歌です。

うまれつき　早寝早起き早とちり
あの世に行くのも少し早めに

臭いは関係あるのか

さて問題をもとに戻しましょう。ヒキガエルでは視覚が池を見つけるのに関係しないなら、次は嗅覚を検討しようということになりました。そこで、当時、サケの母川回帰《ぼせんかいき》の研究で有名で東京大学理学部教授だった上田一夫先生（現在、東京女子大学教授）に相談したところ、嗅粘膜にうすい硝酸銀の溶液をぬりつけると臭いをかげなくなると教えてくださいました。そこで、早速実験を計画しました。

しかしここでまた二、三の問題が起こりました。一つは筑波の環境研究所が遠すぎることでした。なにせ仕事が終わるのがだいたい夜一〇時近くになります。それから泊る人もいますが、ほとんどの人は車で帰京します。そして夜遅くの常磐高速ですから道は空いています。運転するのは私以外は二〇代の若者で、しかも二、三台がいっしょに東京に向かって走るのです。とばすこと、とばすこと、猛運転で悪名高い私がはらはらし通しでした。これが一つ。第二は往復に時間が取られすぎて、昼間の仕事に差し支えが生じること、そして最後がこれは深刻で、硝酸銀を鼻の穴から注入すると、臭いはかげなくなるみたいなのですが、ヒキガエルはまったく歩かなくなってしまうのです。これではどうしようもありません。池を見つけられなくなったので歩かなくなったのか、それとも臭いがかげなくなったショックで歩けなくなったのかそのへんがわかりません。相手がヒキガエルですから簡単にきいてみるというわけにもいきません。しかし、小林先生に鍛えられた私ですからこんなことではあきらめません。

まず、調査地を近くにして一番と二番の問題を解決することにしました。それにはいったんはあきらめた小金井公園を何とか使えるようにしようという努力からはじめました。たくさんのヒキガエルが現われる武蔵野郷土館の敷地内に夜間に入る許可を得ようというわけです。まず公園事務所にいって事務所長さんにお願いしました。なんと所長さんは私たちの大学の卒業生でした。そういう訳ということもないのでしょうが、私たちのお願いを快く受け入れてくださり、許可を下さいました。これで問題の一部は解決です。

残された問題は、硝酸銀処理でヒキガエルが動かなくなってしまう問題です。まず、嗅粘膜を硝酸銀で処理したヒキガエルを大学の飼育室に持ってきて、よく観察してみました。処理直後は体を丸めてまったく動かなかったヒキガエルも、翌日以後は動きはじめるということがわかりました。そこで、まず野外の池から五〇〜二〇〇メートル離れたところで一九八七年三月一一日にヒキガエルを捕まえ、その場で硝酸銀処理をします。そうしたヒキガエルを、処理後ただちに捕まえた場所で放します。そしてその翌一二日から一六日を除いた一七日までの毎日、毎晩九時頃に池の中のヒキガエルを総ざらえするのです。細長い池の両端から網を持った人がヒキガエルを捕まえながら移動していきます。これを二回か三回繰り返します。そうすると全部とはいかないと思いますが九〇%以上の個体は捕まえることができます。そして何もしないで印だけをつけた個体、硝酸銀処理をした個体、硝酸銀の代わりに生理食塩水を鼻孔の中に注入した対照群の個体、そして何の印もない個体の数を数えま

第25図　ヒキガエルの鼻は、池を探すのに役立っているのだろうか。

した。この実験のとき同時に瞼を縫合して目を見えなくした群とその対照群もつくっておきその数についても調べたのです。印というのは、バンドエイドにマジック・インキで記号と番号を書き、それをヒキガエルの腕にしっかりと巻きつけたものです。そのほかに、いろいろな色のビニールの絶縁テープの切れ端にマジック・インクで番号を書き、これをヒキガエルの背中に瞬間接着剤でつけるというのも併用しました。これは見るとすぐにわかって便利でしたが、この方法だとあまり長く持たないのです。

もし嗅覚を使って池を見つけるとしたら、嗅粘膜処理群のヒキガエルは対照群や無処理群の個体と比べて、池で見つかる率が低いか、あるいはまったく見つからないはずです。また視覚を使って池を見つけるとしたら（これはすでに否定されていますが）、目を見えなくした群のヒキガエルは池に来る率が低くなっているか、池に来ないに違いありません。

さて結果はどうだったでしょう。第26図をご覧ください。見事にヒキガエルが池を見つけるのに嗅覚が必要だということがわかりました。嗅粘膜の硝酸銀処理をしたヒキガエルはほんのわずかの数しか池で見つかりませんでした。対照群の個体、何もしない個体、目を見えなくした個体、その対照群の個体はだいたい、三〇％くらいが池で再捕獲されてい

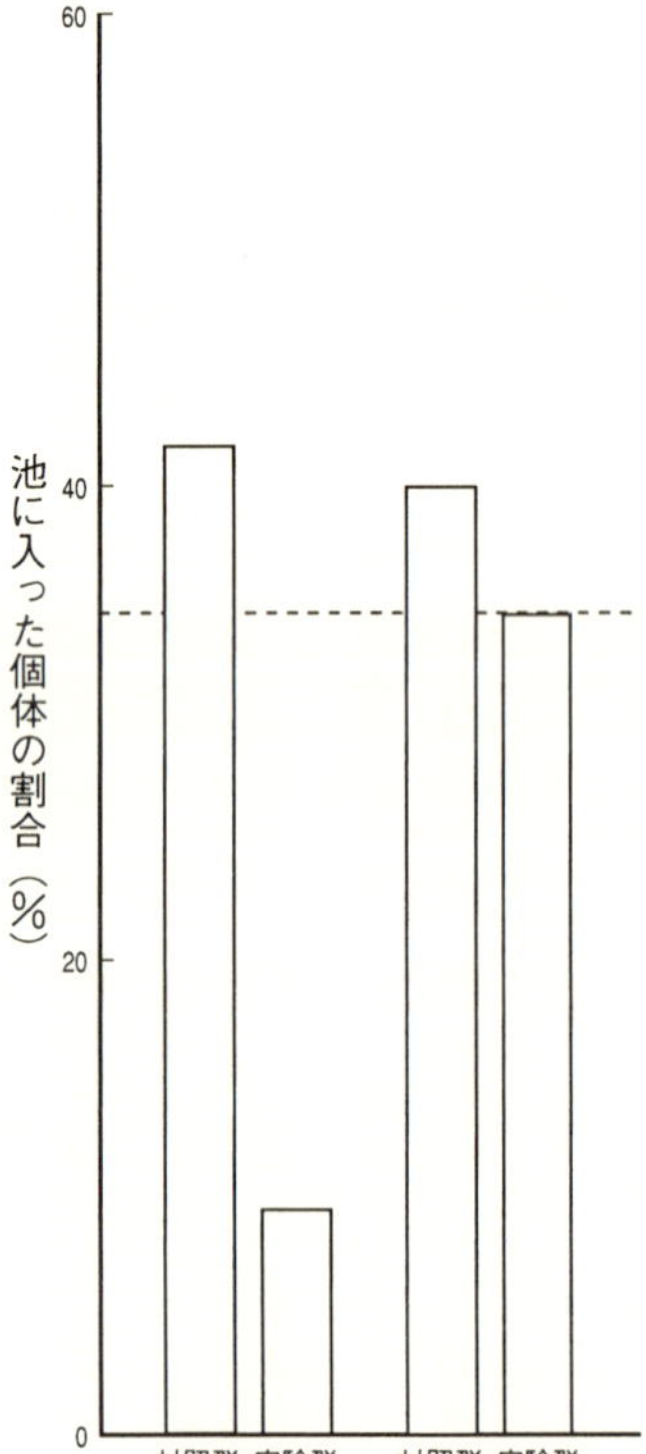

第26図　目を見えなくした視覚実験群とにおいをかげなくした嗅覚実験群、およびそれぞれの対照群について、池に入った個体の割合を示す。

ました。ところが嗅粘膜処理をした個体の再捕獲率はその五分の一か六分の一でした。つまりヒキガエルは臭いがかげなくなると繁殖池に到達することができなくなるようなのです。

しかし、これではまだ問題が残ります。嗅粘膜処理群のヒキガエルは放したところにはいなくなっていたのですが、池に向かっていても途中でへばってしまって到着できなかったのかもしれません。なんとかして動いていった方角を知りたいのです。糸車と糸をつけたままにしておけばよいかもしれませんが、武蔵野郷土館は日中はたくさんの人が訪れて歩き回るので、そうはいかないのです。しかし、まだまだこんなことであきらめてはいけません。

それから毎日、どうしたらこの難問を解決できるかを考え続けました。そして、数日後、名案が頭にひらめきました。そこで次のようにして、それを試みてみました。

前にお話したようにヒキガエルは毎晩出てくるわけではないのです。気温が比較的高くて、しかも湿度も高いことが、活動するのに必要なのです（この問題についても後でお話します）。そこで、私たちは小雨が降っていた一九八九年二月一七、二〇、二一日の日没後にヒキガエルを捕まえ個体識別番号をつけ、捕まえた位置には目印をつけると同時にその位置とヒキガエルの個体番号を地図に記入しました。ヒキガエルはすぐに用意しておいた氷入りの釣り用のクーラーに入れました。ヒキガエルは急に気温が下がったと感じて、すぐに動かなくなります。必要な数だけヒキガエルが集まったところで、それを実験室まで運搬していき、三分の一の個体は嗅粘膜を硝酸銀で処理し、さらに三分の一は生理食塩水で嗅粘膜を処理し、残りは何もしないという、三つの群をつくりました。さて、このヒキガエルは水をしませたスポンジとともにクーラーに入れて、すべて温度が五度くらいの部屋に置いておきました。そして次の気温が比較的高くて湿度も高い日を待ちます。

いよいよその日（二月二八日と翌三月一日）が来ました。ちょうど、

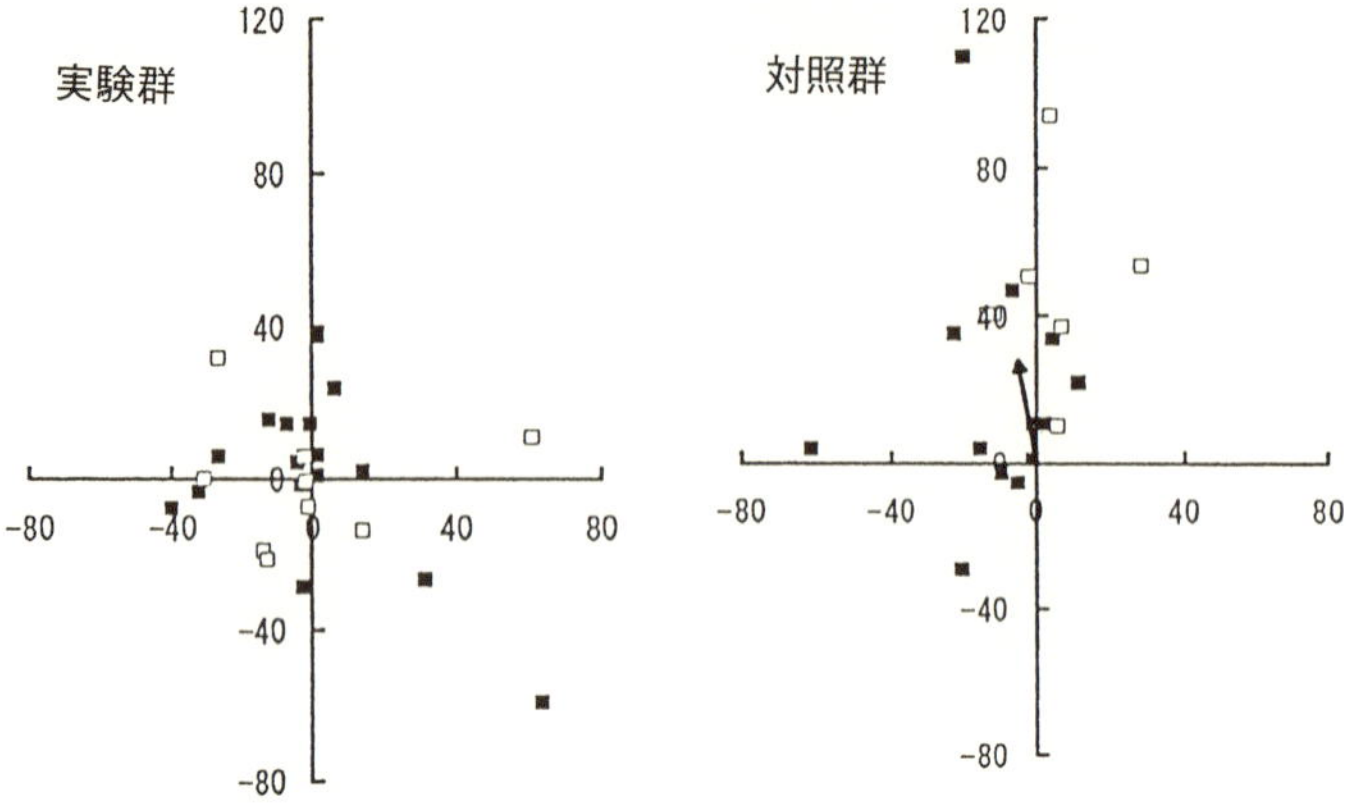

第27図　臭いをかげなくしたヒキガエルの追跡結果。池への移動角度で示した。

大陸から低気圧が移動してきて日本の北寄りを通ったのです。湿っぽい春らしいその晩に、私たちはクーラーに氷とともに入れたヒキガエルを持って、小金井公園にやってきました。そして、ヒキガエルを地図を参照しながらもといた位置に一匹ずつ放したのです。もちろん、追跡用の糸車と糸をつけてです。嬉しいことに嗅粘膜を硝酸銀で処理をしたヒキガエルも、今度はすぐに歩き出しました。もちろん対照群のヒキガエルも、何もしなかったヒキガエルもです。

さてそれでは臭いのかげないヒキガエルの移動の方角と距離はどうなったでしょう。第27図を見てください。左が嗅粘膜を硝酸銀処理して臭いをかげなくした個体の移動の状況です。ここでもベクトルの起点、つまりもといた場所は原点にとり、終点つまりたどり着いた場所は丸で表わしてあります。平均ベクトルは直線で示しました。なんと、臭いをかげないヒキガエルは移動の角度がでたらめになってしまって、どっちに池があるかが完全にわからなくなっています。もちろん、対照群の生理食塩水を鼻孔に通した個体は、ちゃんと池の方向がわかっていて、ほとんどの個体が池を目指して移動しています（第27図右）。もっとも、人間と同じようにつむじ曲がりな個体も結構いて、反対方向に移動しているのもありますが、大多数は池を目指して移動しています。そして、臭

第28図　路上を歩くカエル

いをかげない個体では方向はでたらめになっていますが、移動距離は対照群などとあまりかわりません。
この結果が示すようにヒキガエルは臭いがかげなくなると、運動能力はあっても池の方角がわからなくなってでたらめに四方八方に向かい出すことが示され、移動の方向を決めるには嗅覚が必要であることがわかりました。しかも前の移動実験からわかるように、その臭いは池からくる臭いではなくて、通り道から出ているなんらかの臭いであるはずです。

ヒキガエルは行きも帰りも同じ道をたどる

さてこのようにして、私たちはついにヒキガエルが池を見つけるのは、通り道を嗅覚で記憶していて、それをもとにしているようだということを明らかにしました。ところでこの池への道筋はいつ記憶したのでしょう。実は私たちは平林寺で一九八二年に、この問題に関する一つの実験をしていました。それをお話しましょう。

平林寺の新池から約五〇メートル西側に幅が三-四メートルの道が一本通っています。そこで私たちは池にヒキガエルが現われる少し前からこの路上で見張っていました。そして道を約二〇メートルの長さで四区画に分けておいて、各区画内に現われて池に向かっていく個体について一頭ずつ捕まえてはその腕に、区画ごとに違った色のビニールの絶縁テープを巻き付けておきました。この方法はあまりよくなくて数百頭の個体に色テープをつけたのですが、半数以上の個体でテープが取れてしまって、途中の林の中にテープがたくさん落ちていました。それでも二、三日後から池にテープを付けたヒキガエルが姿を現わしはじめ、四日か五日後はいろいろな色の腕輪をしたたくさんのヒキガエルを池の中で見ることができました。ヒキガエルは池の中を自由に泳ぎ回るので、どこにどの色の腕輪の個体が多いというようなことはありませんでした。ところが、七日後の午後七時頃に池の周囲を歩いてみたら、いろいろな場所から例の腕輪を付けたヒキガエルが上陸しようと池の縁に上りはじめていました。そこで池の地図上にその色を書き込んでみたのが第29図です。おもしろいことに池に向かってくる時に通った場所に近い側の縁から上陸しようとしていることが明らかです。そして、さらにその翌日、例の腕輪を付ける作業をした道路上を逆に向かって通るヒキガエルのうち腕輪を付けていたものについて、その色を調べ、行きと帰りとの通った場所の関係を調べました。残念なことに、行きにいちばん南の端の区

第29図　平林寺の新池で、カエルは池にやってきたときと同じ側の岸に上陸しようとしていた。

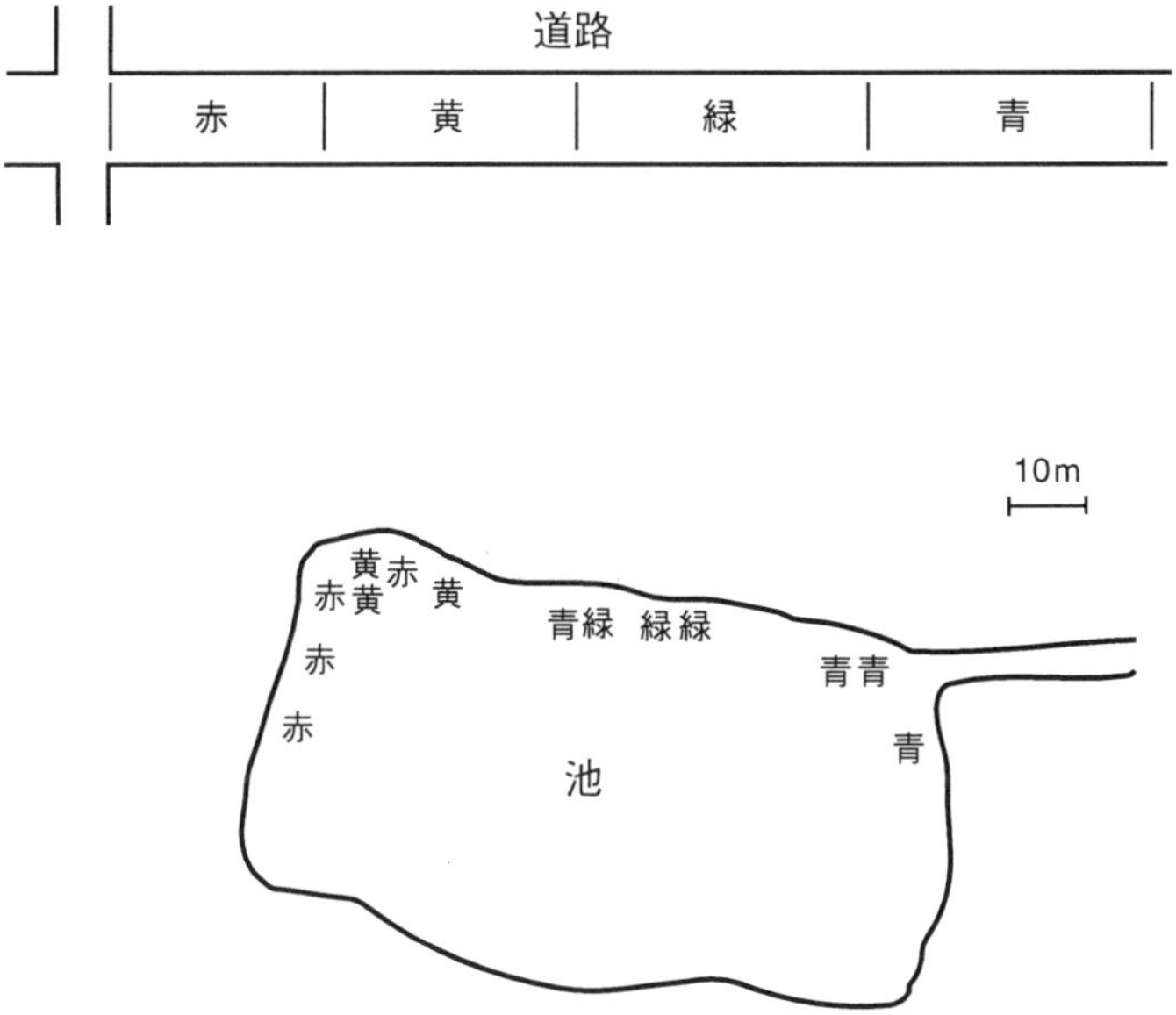

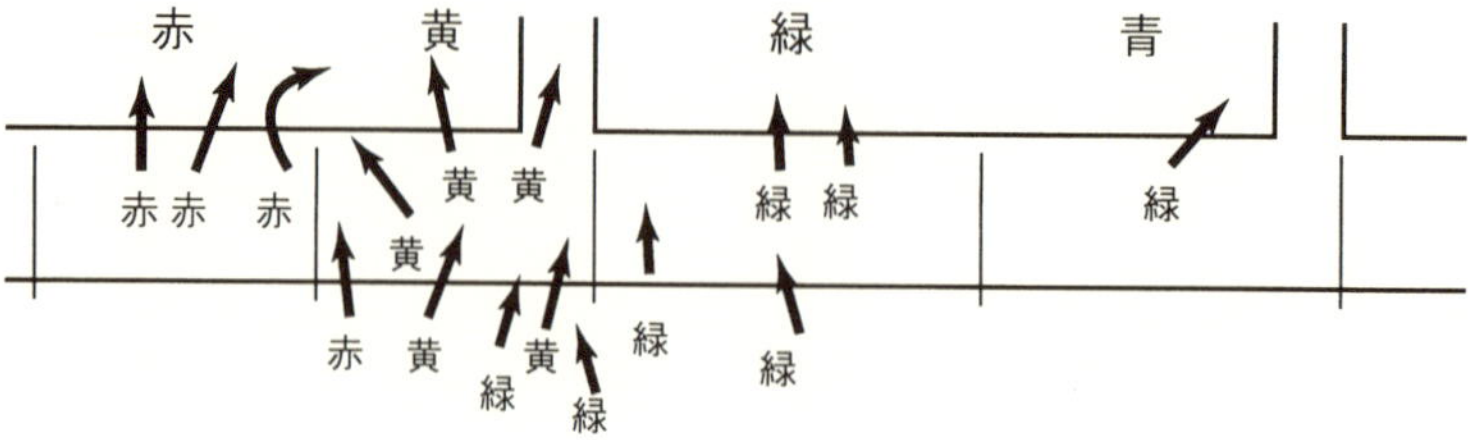

第30図　池にくるときに腕輪をつけた区画と同じところを通って帰る。

画を通った個体は帰りには一頭も見つかりませんでしたが、ほかの三区画については、帰りに見つかった個体のほとんどは行きと同じ区画を帰りにも通っていることが明らかとなりました（第30図）。

このようにヒキガエルは行きと帰りとではほとんど同じ道をたどっているのですが、このヒキガエルは去年も同じ道を通って池に来て、同じ道を通って池から帰っていったに違いありません。そうして前へ前へとたどっていけば、最初はオタマジャクシから蛙へと変態《へんたい》を終えて池から上陸していったときになります。

したがって、おそらくヒキガエルは変態を終えてまだまだ小さな体長数ミリメートルくらいのとき、水から上がり、池から遠ざかっていく時に、その道筋を嗅覚を使って覚えたのでしょう。まだ脳が発達しつつあるときですから、きっとその臭いはしっかりと脳にインプリントされたに違いありません。

地磁気は関係がないのか

さてこのようにして私たちはヒキガエルがどのようにして池を見つけ

ているのかということについてはかなりのことを明らかにできたと喜んでいました。ところが、その間にドイツの Sinsch という生物学者がヨーロッパヒキガエル *Bufo bufo* では臭いも使っているが地磁気《ちじき》も使っているという報告をしていることに気がつきました。

私が学生の頃はほかの人の研究がどうなっているのかを知る方法は簡単ではありませんでした。まず、図書館に行ってはその分野の論文が掲載される雑誌を毎号丹念にチェックするのが常識でした。私が大学院に在学していた頃は、先生方のところには図書室から新着の雑誌が回覧のために定期的に回っていきます。幸いに私は当時助手をしておいでだった高杉のぼる先生（後の横浜市立大学学長）と同じ部屋にいたので、高杉さんからいつも回覧の新着雑誌を見せていただくことができました。このようにして自分の研究に関係のある論文を見つけると、その論文の中の引用文献から過去の論文を知るというのが常道でした。またコピー機などもなかったので論文は読んでメモを取りました。その後、カレント・コンテンツのようにいろいろな雑誌の目次だけを次々に掲載する便利な定期刊行物ができたり、コピー機が使えるようになったり、さらにある特定の分野の論文の要約を、いろいろな雑誌から探し出して掲載するような刊行物も出て来ました。このように私が大学で教職に就いた頃から関係のある論文を探すのはずっと便利になりました。

しかし今ではコンピュータでいろいろなデータベースを使っていとも簡単に必要な論文を探すことができるのでずいぶん効率がよくなりました。私の研究室でも四年生の卒論の学生でさえ、インターネットを使って無料でメドライン（データベースの名前）などから自分の研究に関係する論文を探しています。まさに今昔の感がします。

さて、私もダイアログ・インフォーメイション・サービスというお金のかかるところから（ここでは非常に多くの種類のデータベースが使えるのでお金を払う価値がある）いくつかのデータベースを使ってヒキガエルの類の繁殖期の移動に関する研究を定期的に調べていました。するとあるときドイツの両生類の行動の研究でよく知られているSinschという人がヨーロッパヒキガエルでは地磁気が池への移動に関係があるという論文を発表しているのを見つけました。彼は磁石を頭にくっつけた個体は池への方角がわからなくなったという結果を報告しているのです。彼は池からの臭いと地磁気の両方が池を見つけるのに必要だと考えているようでした。私の共同研究者の菊地元史さんは、おおざっぱな方向を地磁気で決めておいて、もっと正確な道筋は通り道の臭いで決めているのではないでしょうかという意見を提出しました。そこで私たちも磁石をヒキガエルの頭にくっつけようということになったのです。ところがまたもや難題が生じました。

小金井公園の所長さんから、深川にあった江戸村の建築物を小金井公園に移築することが決まって、それも池の周囲のヒキガエルがいちばん多数生息する雑木林の場所に移築するというお話しがあったのです。小金井公園には開けてしまって固い地面に樹が生えているようなところはたくさんあるのにもかかわらず、なんでわざわざいちばん自然状態に近い素敵な雑木林を壊してそんなことをするのかと腹が立ったのですが、もう決定していて近く工事がはじまるというのです。実は昭和天皇が皇居の中で草木の生えている場所を自然の状態に保とうとしても、宮内庁の人たちがすぐに草などを抜いて奇麗にしてしまって、天皇の力をもってしても皇居内の自然を保つのが困難だったという話を何かで読んだことがあります。草木が自然に生い茂っているようなところは汚いと感じるのが普通の人の感性のようです。そこで、小金井公園の中では雑木林がいちばん放ったらかされていて、虫がうようよしていて、草が茂って汚いところなので、そこを奇麗にして古い建物などを移築しようということになったのでしょう。考え方というよりも感じ方の違いなのだと思います。小金井公園の自然を守る会でも結成して、東京都に抗議して、なんとか雑木林にこれ以上手を入れて、小さくしないようにできないものかとも考えたのですが、私には週八時間以上という授業があり、何人もいる卒論や大学院の学生の指導、自分自身の研究や勉強、教授会や大学の諸委員会、学会活動などなど、それでなくても時間が足りない状態です。大切な論文を書いたり読んだりする時間も足りなくて困っているのです。社会運動に時間を割けば研究者としての責任も、教師としての責任も、まず果たせなくなることは目に見えています。そこで残念ながら雑木林を守る会はあきらめることにしました。

そして次なる調査地を探しはじめました。実はこの頃すでに卒業生の井上正美君の紹介で埼玉県比企郡吉見町北吉見にある高橋貞之さんというある学校の校長をしておいでだった方のお宅の庭を、調査地に使わせていただいていました。東松山あたりは都内よりもヒキガエルが繁殖するのは一週間くらい遅いのです。そこで、その頃には小金井公園での仕事が片づくと、翌週あたりは東松山で次の仕事をしていたのです。しかし、東松山もかなり遠くて千葉県や神奈川県から通っている学生さんにはかなり気の毒でした。ちょうどそのときに助けてくださったのが、本職のホルモンの研究上で以前から親しくさせていただいていた、東京農工大学農学部獣医学科生理学教室の先生方でした。当時は笹本修司先生

第31図　頭に強力ピップエレキバンをつけたカエル。

が教授、田谷一善先生が助教授、渡辺元先生が助手をしておいでで、府中市にある農工大学の農場にある小さな池にかなりの数のヒキガエルが繁殖に集まるというのです。ありがたくてありがたくて涙が出る情報でした。その上、実験室まで器具を置いたり、いろいろな作業をするのに使わせてくださいました。そしてここでも幾種類かの実験をしたのですが、ここでは一九九五年の三月一〇－一八日に行なった磁力線の影響の実験だけについてお話しします。

実験場所はこのようにして理想的なところが得られたのですが、次はヒキガエルの頭につける磁石です。なるべく小さくてかつ強い磁力線があるものが必要です。これも菊地元史君がよいアイデアを出してくれました。テレビでよくコマーシャルをやっているピップエレキバンです。これの強力ピップエレキバンというのは特に磁力が強いというのです。そこでこれを買ってきて、瞬間接着剤でしっかりとヒキガエルの頭に接着しました（第31図）。念のためS極を下にしたのと、N極を下にしたのとの両方を実験群としました。対照群には同じくらいの重さのガラスビーズをバンソウコウと瞬間接着剤で頭にくっつけました。この強力ピップエレキバンはその名の通りなかなか強力で、これを頭に付けると、顎の下に置いた方角を調べる携帯用小型磁石（コンパス）の針の指す方

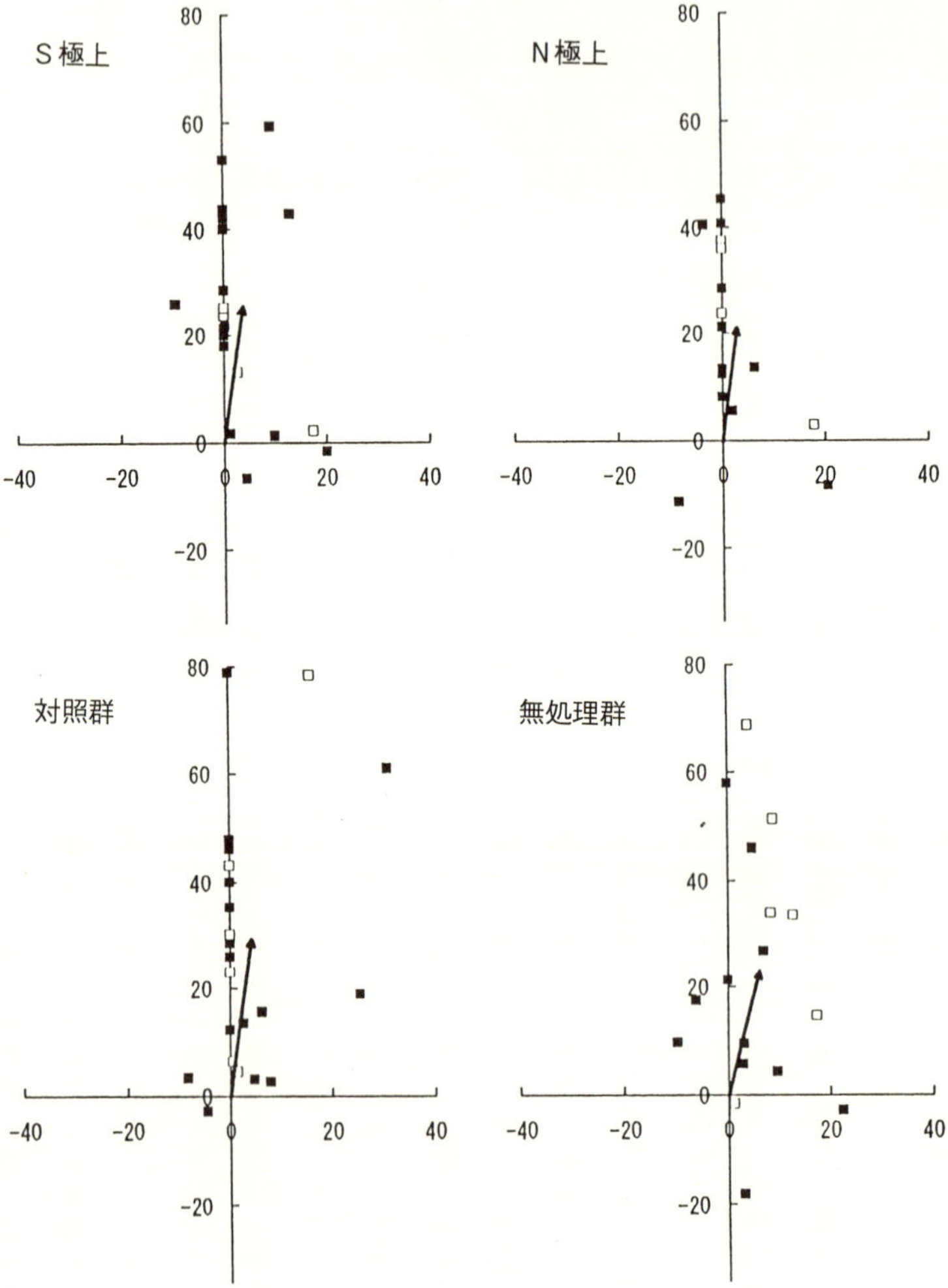

第 32 図　磁石をつけたヒキガエルの移動角度。池に近いほど 0 度に近づく。

向が狂ってしまいます。

さてこうやって磁石を頭にくっ付けたヒキガエルの池への移動はどうなったでしょう。この実験でも結果はベクトルで表わしました。第32図をご覧ください。N極を上にしようとS極を上にしようと、またガラスビーズを頭に貼り付けようと、ヒキガエルはちゃんと池の方向へ迷わずに移動していきました。角度も距離もまったく磁石の影響など受けませんでした。それではなぜ、Sinschとは違った結果になったのでしょう。彼の研究に使った動物は同じヒキガエルの属なのです。動物は種が違うとずいぶんと違う性質を示すことがあって驚かされることもよくありますが、彼の結果も同じ属の二つの種の間で異なっていたりしています。そこで彼の結果と私たちの結果の違いは種の違いであるという説明も可能ですが、もしかすると意地が悪いようですが次のような可能性も考えられます。

Sinschは池の臭いと磁力線の両方を考えています。しかし、彼が使った種でも日本のヒキガエルと同じように通り道の臭いを使って池を見つけていたとしたらどうでしょう。そしてもし、彼が磁石をつけた個体はその個体がいつも通っているのとは違うところに放されたとします。そうするとその個体は迷子になってしまうに違いありません。もちろん、彼は対照群をつくっていてそっちの個体は池の方へ正しく移動しています。そこでこの推察は私の性質の悪さによる邪推かもしれません。でももしかすると対照群は実験群とは違った場所に放していて、実験群の個体は知らない場所に放されて、対照群の個体は知っている場所に放されていた可能性もあります。

私がなんでここで自分の性質の悪さを丸出しにして、他人を疑うような議論をしているかについて少し弁解をさせてください。もしSinschの使っている種が池への通り道の臭いでなくて彼の言うように池からの臭いで池を見つけているとします。そうすれば実験群と対照群は少しくらい違った場所に放しても問題はまったくないはずです。私がまだ経験の浅い学生の研究の指導をするときにいつも、学生と議論になってしまうのはこのような問題なのです。自分の知識や考えが正しければなんの問題もないのですが、もし間違っていたり、ほかに未知の要因が関係していたというような場合にも対処しておく慎重さが実験計画には必要なのです。

それでは私たちはどのようにしてこの問題に対処しているのでしょうか。私たちは無作為化という方法を用いています。すなわち、この実験の場合ですと三種類の実験処理を動物にほどこしています。つまり、①

磁石のN極を上にしてつける処理、②S極を上にしてつける処理、そして③ガラスビーズをつける処理の三種です。④その上何もつけなかった無処理というのもありました。したがって最後のを入れれば合計四種類の処理があるといえます。そこで私たちはこの四種の処理の順序をでたらめにします。たとえば③②①④、①③④②、②①③④、①④②③、というような組をいくつも作っておきます。それには乱数表（実際にはコンピュータで作る）を用います。そして野外で実験に使うヒキガエルの個体が見つかるたびにこの順序で処理をほどこして、その場所で放すのです。すなわち最初に見つかった個体は③のガラスビーズ、二番目に見つかった個体は②のS極、三番目に見つかった個体は①のN極、四番目に見つかった個体は④の無処理、五番目に見つかった個体は次のシリーズとなって①のN極、六番目の個体は③のビーズ、というような順序です。そうするとある特定の処理をした個体が、ある特定の場所（たとえば池に近いところ）に集中するというような可能性は低くなります。もし偶然そうなったとしてもそれは統計学的結論の際に考慮に入れられます。

このような作業をするのは感覚的にかなり面倒くさいような気がします。しかし、これを行なうことによって間違った結論を導き出す危険を避けることができるのです。私が知っている限りで、このような注意を払って実験を行っている人は意外に少ないのです。それはなぜかというと、普通は経験深い科学者ですから知識や考えがたいてい正しくて、このような無作為化をしなくても問題が起こらないように注意しているからです。しかし、たとえまれであっても注意すれば避けられる間違いを犯すべきではありません。ことにわれわれにとってわかっていない要素が一杯ある野外実験などでは、私たちが行なっているような実験計画上の配慮は必要なのです。統計学ではここで行なったような方法を実験計画法と呼んでいます。そしてなお大切なのはこの実験計画法を行なってこそ、実験結果に生物学者が研究でよく用いる統計学的検定法と呼ばれる方法を正しく適用できるのです。もし実験計画法を行なわないで統計学的検定法を使ったとしたら、その結論は必ずしも正しくはありません。

実は私自身がこのような実験計画法を使わなかったために、誤った結論を出しそうになったことが二回はあります。両方ともまだ若かった頃の話ですが。また、私の指導していた学生がやはり同じようなことで、結論をあやまりかけたこともありました。残念なことに多くの論文ではその中の実験で、実験計画法を使ったかどうか、さらにはどのような計画法を使ったかが記されていません。そこでその結果の評価がむずかしいことが多いのです。磁石を用いたSinschの実験を報告した論文にも実験計画法が用いられたかどうかが書かれていませんでした。残念なことです。

またまた脱線してしまいましたが、少なくともヒキガエルは強力ピップエレキバン程度の磁力線によっては移動の方向と距離に影響はまったく受けないことは確かです。

ヒキガエル追跡装置

さてこれらの実験で私たちが用いたヒキガエルの歩いた道筋を追跡するための装置を紹介しましょう。この研究をはじめたのは一五年くらい前でしたが、その頃には、ヒキガエルに電波の発信機をつけてそれを受信機で捕らえて、移動の道筋を調べるという方法を考えていました。しかし、最初はこの研究がこんなに発展するかどうかがわからなかったので、まずお金をかけないで人力でやろうと思ったのです。それで肉眼でヒキガエルを追跡しながら、その経路を地図に記入していくという方法を用いました。しかし、だんだん実験が複雑になって、たくさんの個体を同時に追跡する必要が生じると、この人力作業では間に合わなくなりました。さらにこの方法は得意な人と、まったく不得意な人との差が大きくて、人の配置にまでいろいろと気を使わなくてはならずたいへんでした。そこである論文で糸巻きと糸を使って追跡したと簡単に書いてあったのをヒントに、ミシン用の糸と糸巻きを使ってみたのです。はじめは丈夫そうな木綿糸の少し太いのを使ったのですが、実際にやってみた高田耕司君や田崎陽子さんから糸が草木にすぐに絡まって、切れてしまうので、ほとんど使用に耐えないという報告を受けました。ここであそうかといってあきらめるようでは先生は務まりません。ほかの人が出来たのだから、草木に絡まるなら絡まらないように、切れるなら切れないように、何かを工夫をすれば出来るはずだといって突っぱねました。

そこで意地っ張りな先生に手を焼いた学生諸君も今度は真剣に考えてどうすれば糸が絡まったり切れたりしないかについて議論をはじめました。その結果、彼らが考えついたのは細くてすべすべしていて、強い糸を選ぶことでした。ナイロンの糸で旭化成繊維 Leona 66というものが具合がよいことが、何度もの実地テストの結果わかりました。今ではこの糸のいろいろな色のものを使っています。

それから最初は糸巻きを木の棒の上端に釘で止めただけのものでした

（第33図A）。しかし、これでは糸がすぐに糸巻きと棒との間に入ってしまって絡まってしまいます。そこで釣り竿につけるリールをヒントにして、糸通しを付ければということになりました。糸通しとしては簡単なL字金具を使いました。L字金具の一方の端は釘で棒に止め、もう一方の端の穴が糸巻きの前にくるようにします。そうしてその穴に糸を通しました（第33図B）。これが第二代の追跡装置です。これは結構やすくて便利で、しばらく使っていたのですが、それでもまれに糸が糸巻きを止めてある釘に巻き付いて絡むことがあります。それをなんとか解決できないかということが最後の問題となりました。

これは菊地元史君が考案した究極の改善策で解決しました。すなわち糸巻きを釘で止めてあるからいけないので、それなら釘をなくせばいいだろうということで、ちょうど糸巻きより少し大きいプラスチックのビーカーに糸巻きを入れ、これを棒に適当な方法で固定します。そしてビーカーに小さな穴を開けてここから糸を外に出すことにしました。ビーカーには蓋をして糸巻きが転げでないようにしました（第33図C）。こうするとビーカーの中で糸巻きが回転して、糸は穴から外にどんどんと伸びてきます。実際には検尿用に使うプラスチックのカップにアイスクリーム容器の蓋《ふた》をかぶせて使っています。これがいちばん安価だったのです。この装置は究極の兵器「からまん棒」と名づけて今でも愛用しています。

このように何も高価な無線による追跡装置など使わなくても、創意工夫により安価な道具で十分に成果をあげることができたのです。昔は日本でもよくお金がないから研究ができないという声を聞きました。今でも聞くことがないわけではありませんが。東南アジアの国の人たちからも私たちはお金がないから研究ができないという話をよく聞きます。確かに高価な装置を使って、たくさんのお金をかけ、大勢の研究者が分担し共同で効率よくやった研究（最近の分子生物学的研究に多い）には素晴らしいものがよくあります。しかし、私にはこの安価な道具と頭とで明らかにしたことも、分子生物学的方法で明らかにしたことも、同じようにおもしろく感じられます。

低気圧とガマ率

私たちのこの研究の中で最初の頃に最も苦労したのは、いつヒキガエルが現われるかわからないことでした。現われる日はたいてい日没と同

第33図　いろいろなヒキガエル追跡装置。Aは初代の装置、Bは糸通しつき、Cは「究極のからまん棒」。

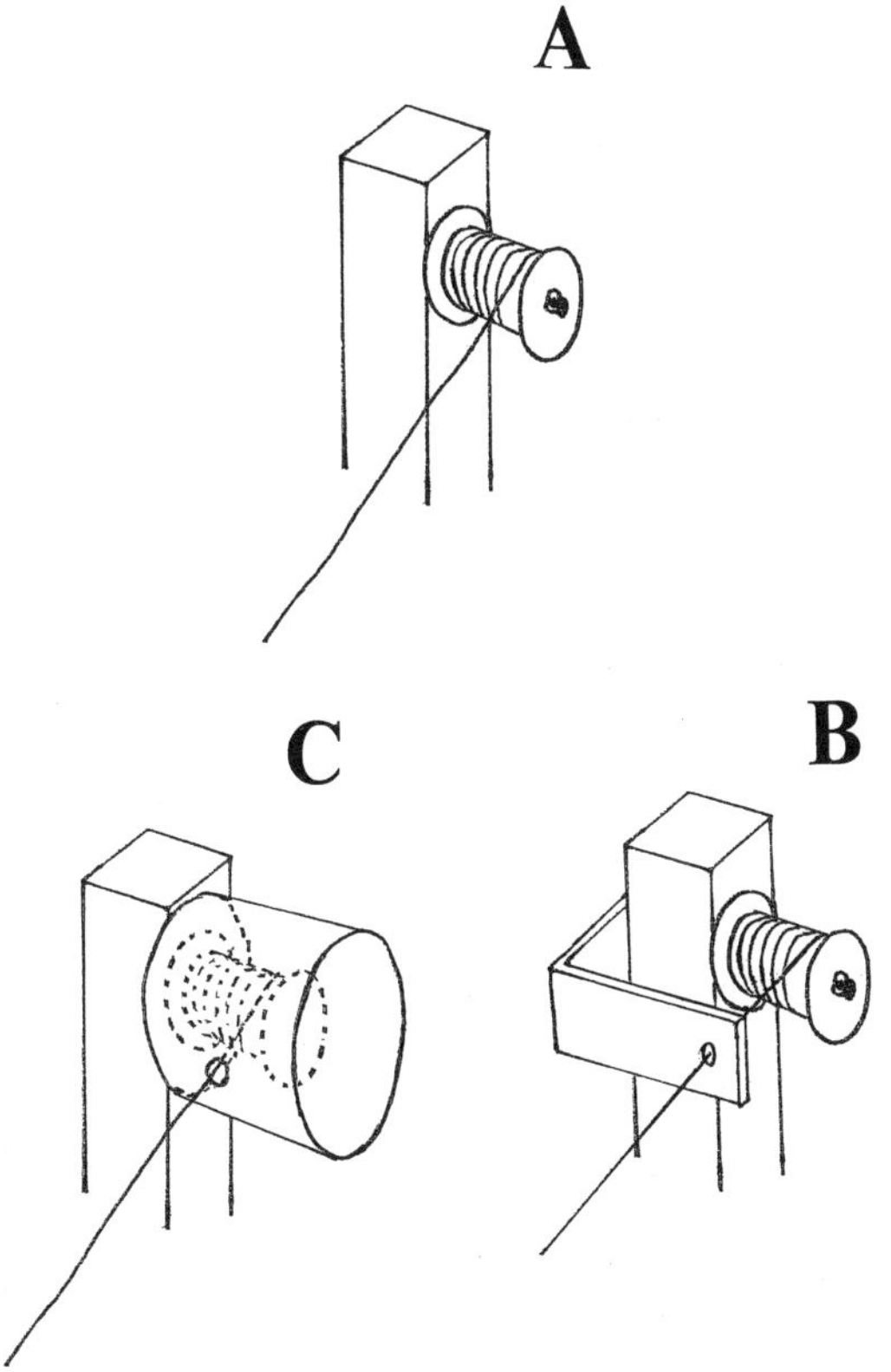

時に現われはじめるのは確かなのですが、せっかくその日の午後の実験を止めにして、時間をかけて大勢で出かけていっても、一匹も姿を現わさない日もあれば、偵察程度でいいだろうということで、一人か二人で出かけたら大量出現であわてて電話で援軍を要求して来たりで、どんな日がよいのかがさっぱりわかりませんでした。

そのうちになんとなく感じで今日は出そうだぞということがわかるようになってきました。まず気温が高くて雨が降っている日が出やすいことがわかったのです。そこでこれをもう少し科学的にしようということになりました。この役を果たしてくれたのが現在は東京都老人研究所にいる本多陽子さんです。

彼女は私たちの研究室のある建物のすぐ脇にあるわずかな空間（三メートル×一〇メートル）に簡単な柵をつくって、そこにヒキガエルをたくさん放してそれがどんな日に現われて歩き回るかを調べたのです。ヒキガエルは雄雌同数を秋のうちの一九八七年の一〇月に捕まえて来て放しました。柵の中には植木鉢の壊れたのや石ころやなんかを入れてヒキガエルが隠れるところをたくさん作っておきました。そして毎晩、八時半から九時半にかけて観察し、隠れ家から姿を現わして歩いてる個体の数を数えました。同時に地表一〇センチの気温と湿度を測定しました。

観察は二月二七日から三月一六日までの一九日間です。

そこで結果をよくみると、やはり気温と湿度の両方が大切で、両方がそろって高い日ほど多数のヒキガエルが姿を現わして動き回ることがわかりました。そこでまず気温（横軸）と動いている個体の数（縦軸）との関係を雄雌別々にしてグラフにしてみました（第34図）。雄も雌も気温が高い日の方がたくさんの個体が出ていることは明らかですが、あまりきれいな関係ではありません。次に湿度と出現個体数との関係をグラフにしました（第35図）。これも関係はありそうですがあまりはっきりしたものではありません。そこで少しむずかしいのですが、出現個体数には気温と湿度との両方が関係する関係にあたる数式を作りました。そして実際の温度と湿度から出現率を求めるグラフをつくりました。それが第36図です。

この図を見ると、かなりよくこの計算で求めた出現率が実際の出現率と合致していることがおわかりになると思います。私たちの研究室のコンピュータにはこの式を使って温度と湿度からその日の出現率を推定するプログラムが組み込まれています。ガマ率と呼んでいて、繁殖期になるとよくこの式を使います。この式は簡単な二元一次方程式という形式の式ですが、実際の生活の中でこんな数式を使ったのはこれがはじめて

第34図　温度と活動個体数との関係。

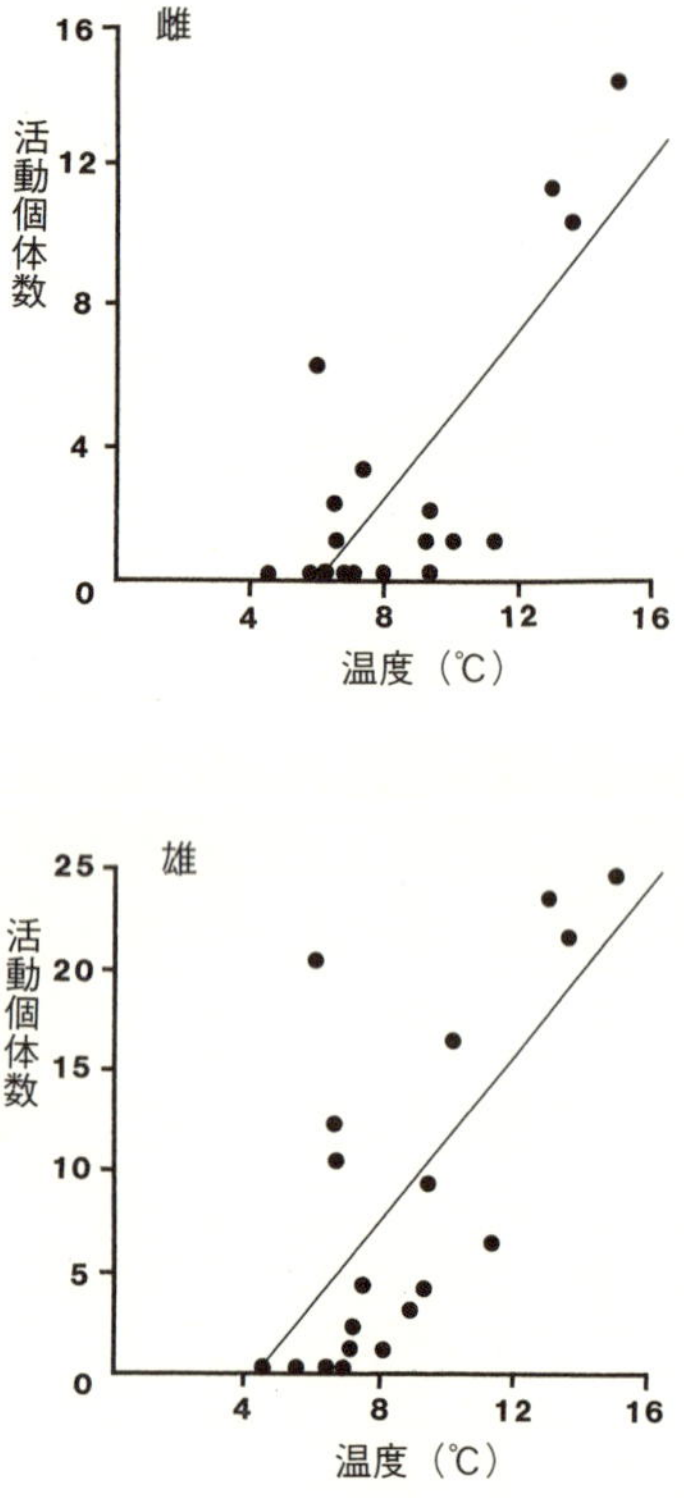

第35図　湿度と活動個体数との関係。

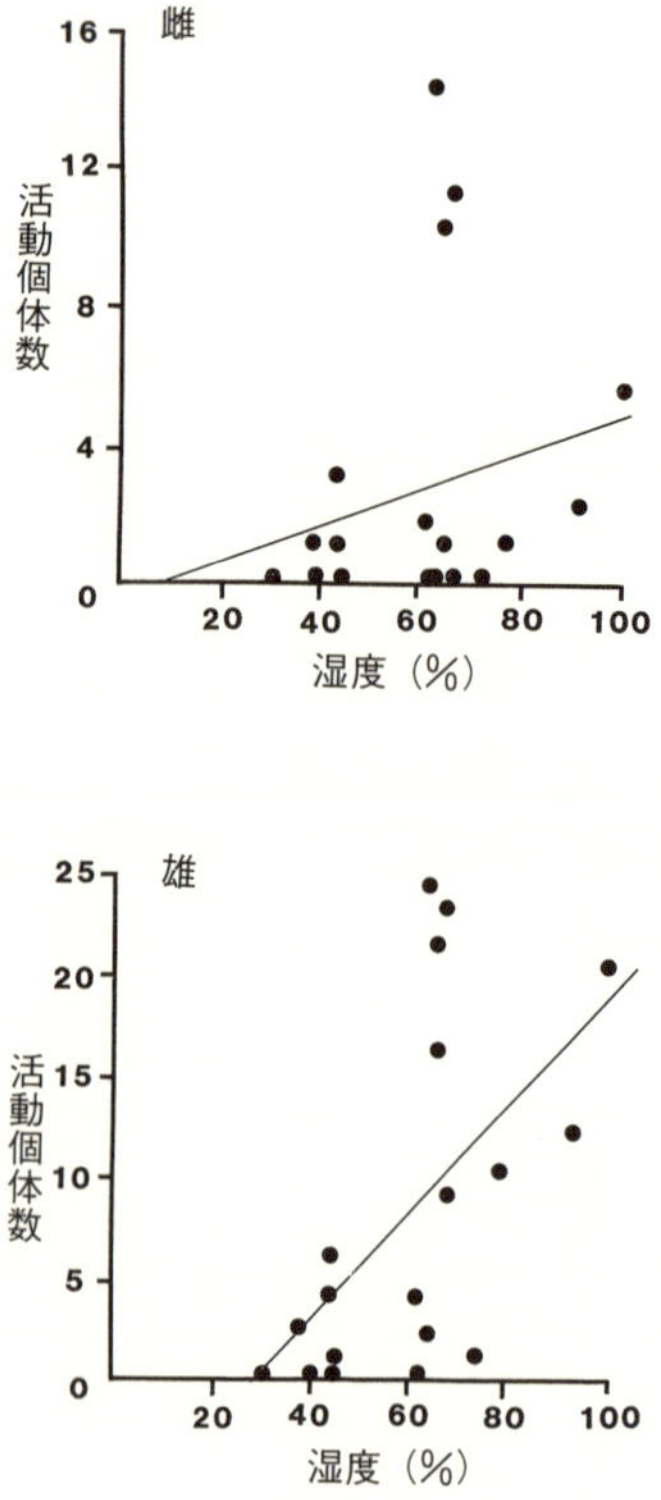

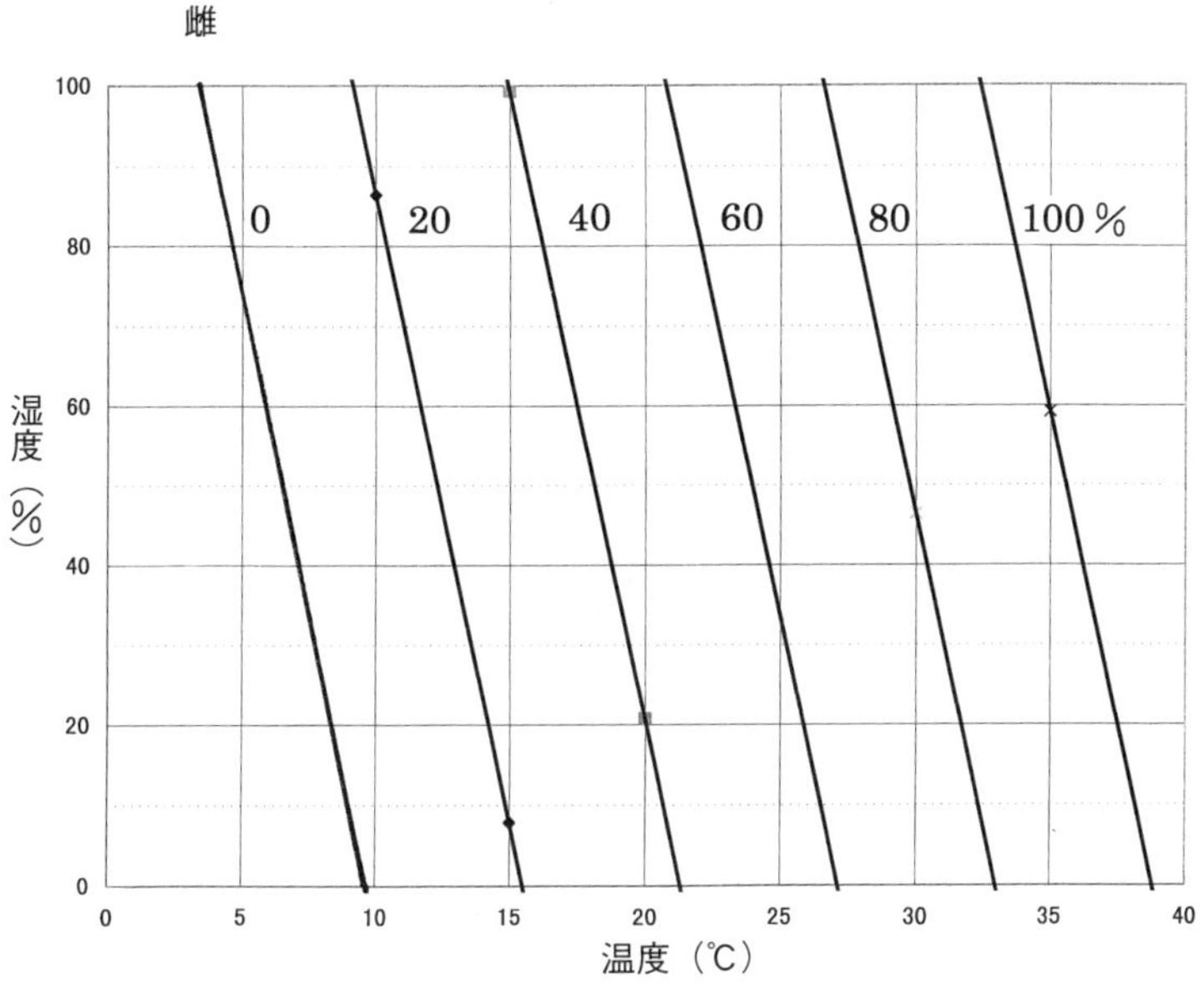

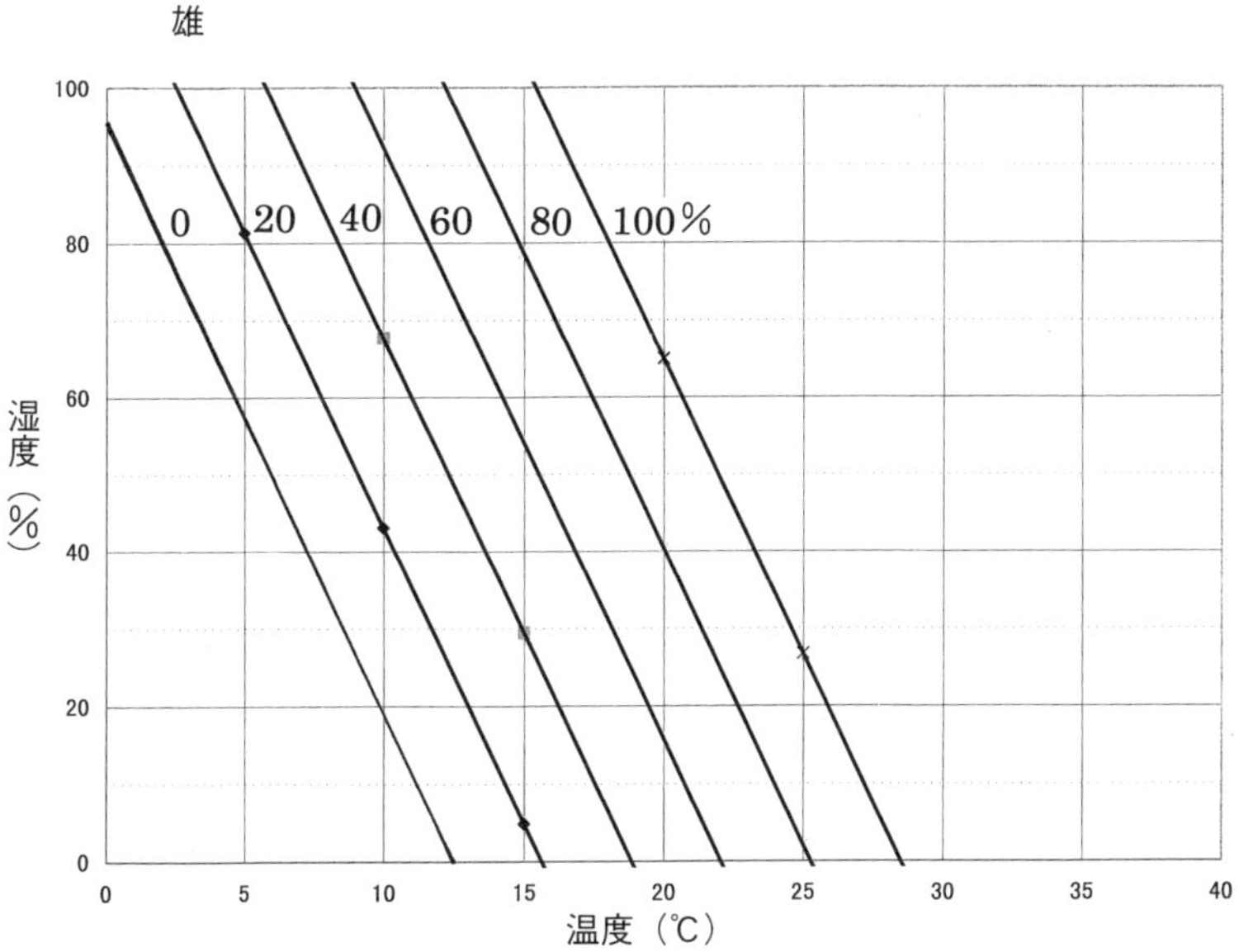

第 36 図　温度と湿度からカエルの出現率（％）を求める図。

ではないかと思います。中学生のときの数学の勉強が今頃になって役に立ったわけです。

さて実際のお天気では、三月頃には大陸から低気圧が数日間の間隔で次々と日本付近を通過していきます。そして低気圧の中心が日本の真上か北側を通ってくれれば暖かい雨となってヒキガエルが姿を現わします。それが南側を通ると冷たい雨や雪となってヒキガエルは現われません。また低気圧が通り過ぎて冬型の気圧配置に戻って、晴れ上がり乾燥しても姿を現わしません。したがって繁殖期になると私は毎日気象通報やテレビの天気予報を見ては一喜一憂しています。この頃はインターネットで最近の天気図をいつでも見られるようになったので来年あたりからは予測がもっと楽になりそうです。

子ガエルの上陸

子供のヒキガエルが池を出るとき

さてこのように親のヒキガエルは繁殖期になると温度と湿度の高い夜に限って姿を現わして、子供の頃に池を出るときに覚えた通り道の臭いを思い出し、それをたどって池を見つけている可能性が高いことを明らかにしたわけです。このような結論に喜んで得意になっていた私に冷たい水がぶっかけられる事件が起こりました。

実は私はヒキガエルだけでなくて鳥類を使った研究を昔からやっています。そこで鳥学者の方々とも交流があります。

三年前の春のことです。有名な鳥学者の一人の立教大学の上田恵介先生から手紙が来て、山梨大学の中村司教授がこのたび停年で退官なさったので、これまでの研究を総括したお話をうかがう講演会を催すということでした。中村先生は日本鳥学会の会長をなさった上、日本では数少ない鳥の渡りの生理学的研究をなさった方なので、私もよく存じ上げ、いろいろとお世話にもなった方でした。そこで早速、私も講演を聞きに出かけました。

講演の中身はさておいて、講演をうかがった後の質疑応答の際に私がはっとしたことがありました。当時は日本野鳥の会の研究センター長をしておいでの（現在は東京大学農学部教授）樋口広芳先生が質問に立ちました。そして私の感じで言うと言葉鋭く「先生は先ほど天体で鳥が渡りの方向を決めるとおっしゃったが、同じ家の同じ軒下の巣に同じ鳥の個体が渡ってきて巣を作ったりするような例がよくあるが、天体などで方位を決めているのではそんなに正確な位置は決められないのではないでしょうか」と詰め寄りました。樋口先生は非常に穏やかな人柄の方なのですが、こと自然科学的論理の問題となるときびしい方なのです。私がはらはらしていると、いつもは樋口先生よりもさらに輪をかけて穏やかな中村先生は、毅然とした口調で「樋口先生のおっしゃるとおりです。時間がないので申し上げませんでしたが、ほかの渡りをしたことのある鳥といっしょにしないではじめて渡りをさせた鳥の場合は天体だけを指針として飛びます。しかし、そのときにもう一つの補助的な手段として視覚や嗅覚も利用して、もっと正確な経路を記憶します。そして二度目からはこの補助的方法も使うので、非常に正確に位置が決められるのです」とある実験の例をあげながらお答えになりました。

この中村先生のご返事を聞いて頭をガンと殴られたような気がしたの

は私です。ヒキガエルが変態を終えてはじめて池を出て行くときに、通った経路を臭いで覚えるのは鳥と同じです。しかし、そのときにははじめての道を通るのですから何も知らないわけです。このときには天体か何かを使って方角を決めているのでしょうか。それともでたらめにたまたま頭が向いていた方向に向かってすたすたと、あるいはぶらぶらと歩いていくのでしょうか。

これをはっきりさせなくてはいけないと気がついたのです。

幸いなことにこれが四月のことです。ヒキガエルのオタマジャクシが変態を終わって池から出ていくのは東京あたりでは五月か六月です。まだ間に合います。

自由学園の池での観察

さてそこで早速あちこちにオタマジャクシがいる池はないかと聞きまわってみると、かつての調査地だった自由学園の中等部の校舎の間にある池にヒキガエルのオタマジャクシがいたというのです。五月のある小雨が降っている日の夕方に、当時研究生だった大岡百合子さんと、早速駆けつけてみると、ちょうど、たくさんの小さな変態を終えたばかりのヒキガエルが次々と池から出ていくところでした。体長わずか五ミリメートルくらいの小さなヒキガエルですが、もう形はちゃんとした蛙です。

幸い、池の縁を敷石で囲んであるので、一枚の敷石の上に何匹のヒキガエルがいるかを急いで数えてみました。おもしろいことにほとんどの個体は池のある一方の岸のみから上陸しているのです（第37図）。それも一方の半分くらいに偏っています。ちょうど池の中のその辺りに植物が植えてあって出やすくなっているようにも思えるのですが、それにしても特定の場所に集中しすぎています。そこで大岡さんにある実験をお願いしたのです。

子ガエルを移動させる

今回の実験も三つの仮説を立てました。

一、何の手がかりも使わず、たまたま池を出るときに向いていた方向にほぼ真っ直ぐ出ているという、偶然説（第38図A）。

二、池の外のどこかから来るある信号を捕らえて、それを手がかりに、それが来る方向、もしくはその逆の方向に向かって出て行くという、外部信号説。たとえば太陽に向かって出て行くとか、その反対の方向に出て行くような場合（第38図C）。

三、池の中から出ている信号を捕らえ、それから遠ざかるように池を出

第37図　自由学園の池で、上陸しようとしている子ガエルたちを敷石ごとに数えてみた。

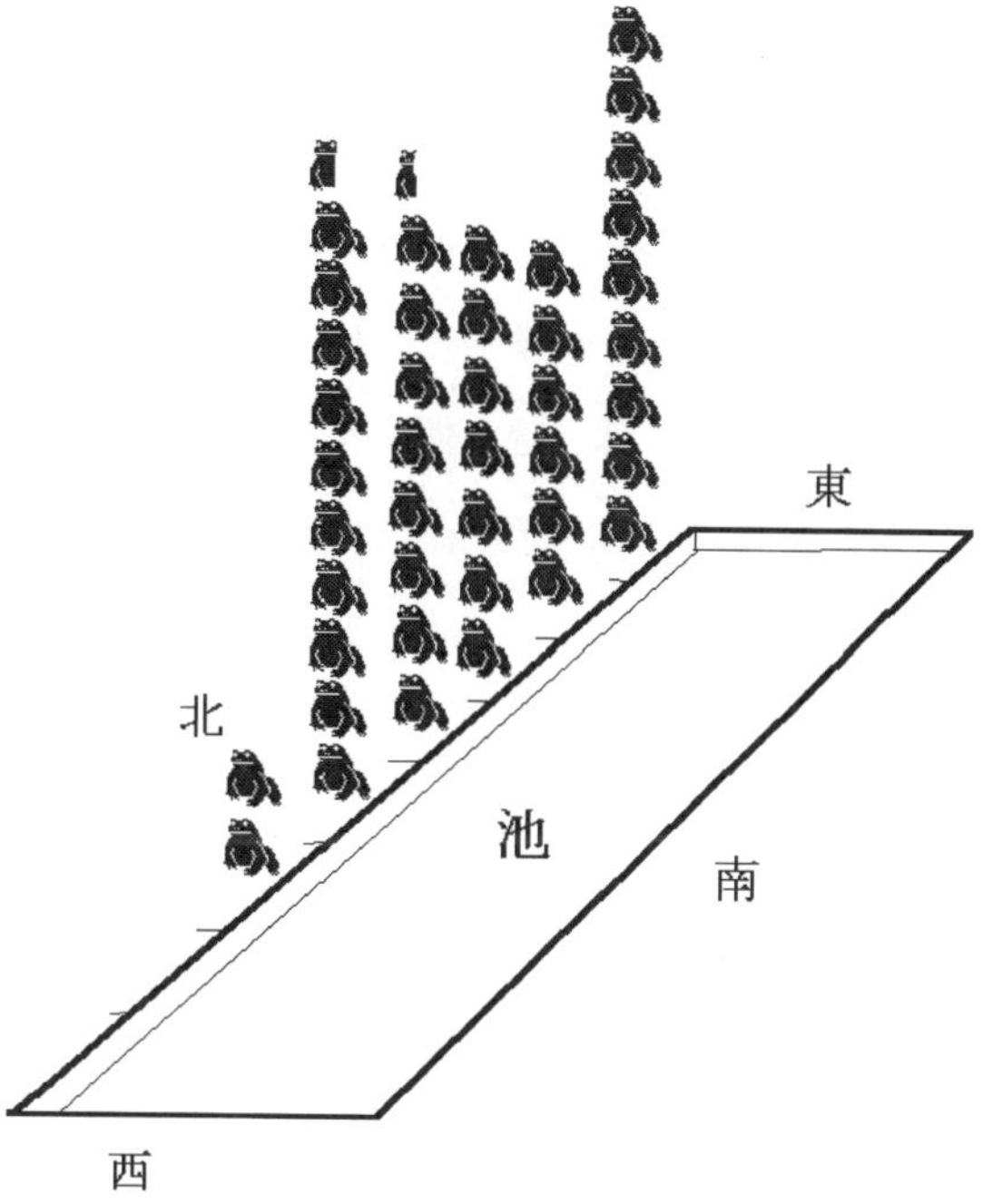

て行くという、内部信号説。たとえば池の中のある物質の臭いを嫌ってそれから遠ざかるため、池から出て行くような場合（第38図B）。

さて、今回も何日か考えた末に、この三つの仮説のどれが正しいかを決める実験をデザインすることができました。それは次のような実験です。

まず、第一の実験では、池の縁に板を置いてヒキガエルが池を出て板の上に乗って来るまで待ちます。板の中央くらいまでヒキガエルが移動したら、その場で板を水平に一八〇度回転します。すると池と反対の方向を向いていたヒキガエルは当然のことに池の方向を向くことになります。もし、仮説一の偶然説が正しければヒキガルはそのまま池の方向に向かって移動するに違いありません。もし、仮説二の外部信号説が正しければ、池の外から来る信号の方に向かうため、体をぐるりと一八〇度回転させて、池から遠ざかる方向に歩き出すはずです。仮説三の池からの信号説が正しくても、やはり体を一八〇度回転させて池から遠ざかるに違いありません。さて大岡さんは次々に池から出て来るヒキガエルを捕まえてはこの実験を繰り返してみました。そうするとなんと一〇匹の個体のすべてが体をぐるりと一八〇度回転して池から遠ざかるように動いていきました。すなわち、仮説一の偶然説は否定され、仮説二の外部信号説か三の池からの信号説が正しいということになります。

第38図　上陸についての三つの仮説。

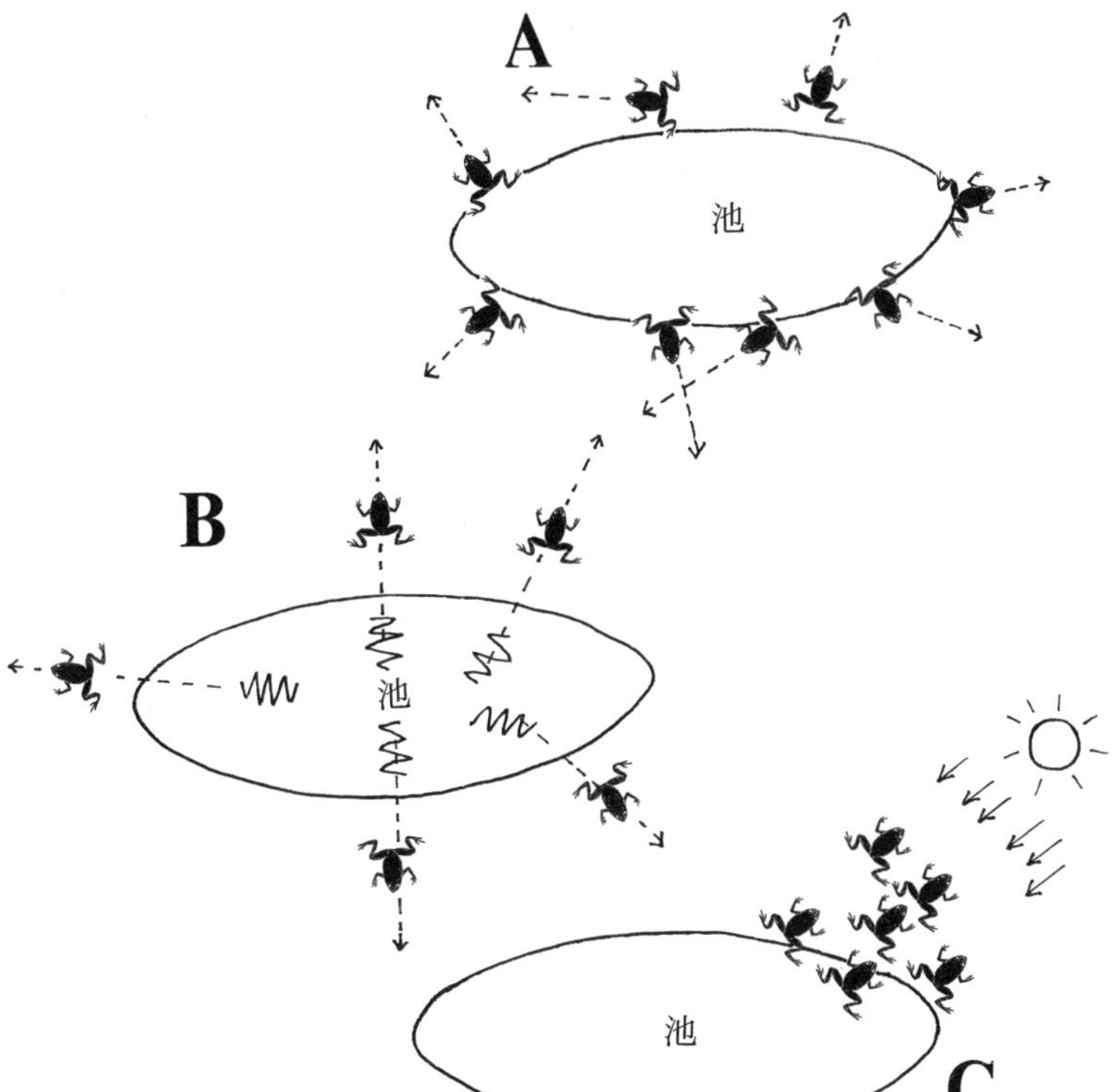

そこで次の実験に移ります。今度は板の上にヒキガエルが乗って真ん中まできたら、それを大急ぎで池のちょうど反対側まで運び、向きは変えずにそのまま置くという実験です。こうすれば池の外部からの信号の来る方角は変わりませんが、内部から来る信号については方角が逆になります。そこで仮説二の外部信号説が正しければヒキガエルはそのまま池の方向に向かっていきます。そうでなくて仮説三の内部信号説が正しければ、体の向きを一八〇度回転させて池から遠ざかろうとするに違いありません。

やってみた結果は明らかです。三〇匹のすべてが池の反対側に持ってこられても体の向きを変えずにそのまま池の方向に進んだのです。もっとも仮説一の偶然説でも同じ結果になります。しかし、偶然説はすでに実験一で否定されていますから、仮説二の外部信号説が正しいということになります。

私たちはさらに念を入れて、池の反対側に運んだ板を一八〇度水平に回転させてヒキガエルの向きを変える実験も行なってみました。さすがにこれだけあれこれやっていると、反応がおかしくなって動かなかったりする個体も少数いましたが、大多数の個体は、体の向きを一八〇度回転させて池の方向に向かって行きました。すなわち仮説二の外部信号説

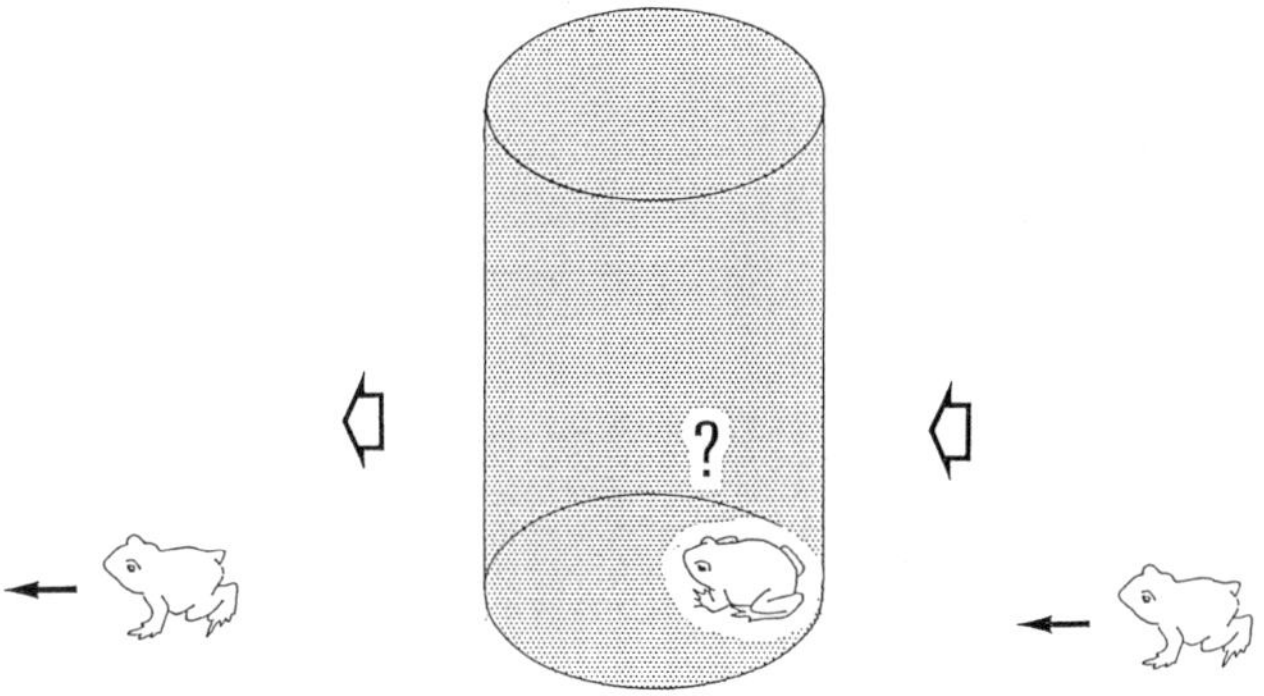

第39図　池から出ていく子ガエルに黒い円筒をかぶせて光をさえぎると動けなくなってしまう。

がここでも支持されたのです。

要するに変態を終えたばかりのヒキガエルは何かまだ不明ですが、池の外から来るある信号に向かって池から出て行くことが明らかとなったわけです。

光をさえぎる実験

さて、それではこの池の外から来る信号はなんなのでしょう。まず、この信号は視覚的な信号、すなわち眼で捕らえている信号なのでしょうか。それとももっと違った嗅覚で感じているような信号なのでしょうか。私たちはまず視覚を検討してみるために第39図のような実験を試みました。

まず、透明なプラスチック製で直径が五センチの中空になった円筒を用意しました。この円筒の上下は開いています。そして壁に真っ黒な紙を巻きつけて、中からは円筒の壁の外の様子が見えないようにしました。この円筒を自由学園で池から出ていく変態直後のヒキガエルにかぶせてみたのです。ヒキガエルの行動は上から覗けば観察できます。一方、ヒキガエルは空と地面は見えるが進む方向も、やってきた方向も見えません。こうすると何匹やってもヒキガエルはまったく動けなくなって止まってしまいます。しかし、黒い紙を巻かない円筒を置いた対照群ではヒキガエルはそのまま歩き続けて壁にぶつかって、そこをはい上がろうと努力します。

この結果からみて、ヒキガエルは池の外からの信号、それも光を感じて池から出ていく方向を決めているのに間違いはありません。

しかし、ここで私たちはまた難題に行き当たりました。なんとなくこの小さなヒキガエルは光がくる方向に向かっているのだと思っていたのですが、自由学園の池で、いちばんヒキガエルが集まって上陸していたのは池の北岸の東半分です。午後四時頃という時刻から見てどうも光が来る方向と反対側のように思われます。しかし、この方向には実は強力な電灯があって、人が来ると自動的に点灯する仕掛けになっています。私たちが観察にきたときはまだ明るかったのですがこの電灯が点灯していました。もしかするとこの光に向かっている可能性もないとはいえません。これでは何ともいえません。

子ガエルと太陽の光

さてそれでは変態を終えたヒキガエルはどこでも池の決まったところから出るのでしょうか。それとも自由学園だけがたまたまそうだったのでしょうか。そこで次に私は当時、繁殖期の主要な調査地だった東京農工大学の池にも行ってみました。たまたま国際基督教大学の非常勤講師をしていたので、国際基督教大学の朝のうちの講義を終えるとすぐに農工大学へ回ってみたのです。昼頃でしたが、天気は曇りで、池から出ていく個体はいませんでした。しかし、変態を終えた小さいヒキガエルがたくさん、コンクリートの池の壁面や縁に集まっていて、雨さえ降れば出ようとして待ち構えている様子でした。そして、このちょっと複雑な形をした農工大学の池でも、池から出ようとするヒキガエルは、ほとんどの個体が池の一方の岸に集まっていました（第40図b）。しかもそれは太陽のある方向、すなわち南岸ではなくて、北岸がいちばん多かったのです。やはりヒキガエルは光が来るのと反対側に向かって上陸するのでしょうか。すなわち暗い方向を目指しているのでしょうか。

このとき、私はカメラを持っていたので、それで写真を撮ることにしました。まず、ヒキガエルがいちばんたくさん集まっている北側の壁にレンズを向けてシャッターを切りました。ついで、反対のまったくヒキガエルがくっついていない、南の壁の写真を撮りました。すると私の自動カメラは自動的にフラッシュが光りました。なんで明るいはずの南側の壁でフラッシュがついて、暗いはずの北側の壁でつかないのかと不思

第40図　農工大学の池と温室の位置関係。下は子ガエルがどちらの方向に上陸しようとしていたかを示した図。数字はそちら側に上陸しようとしていたカエルの数。

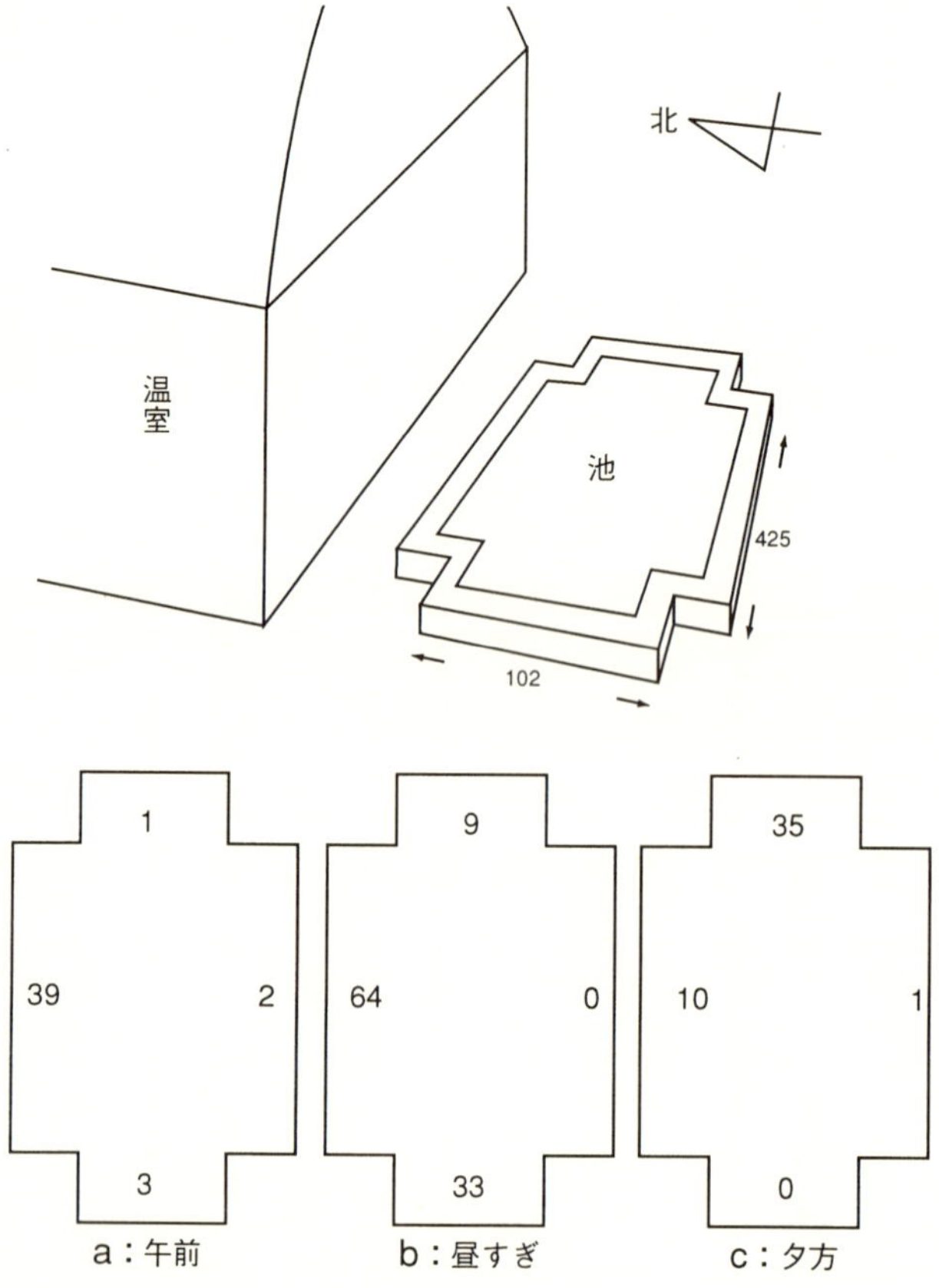

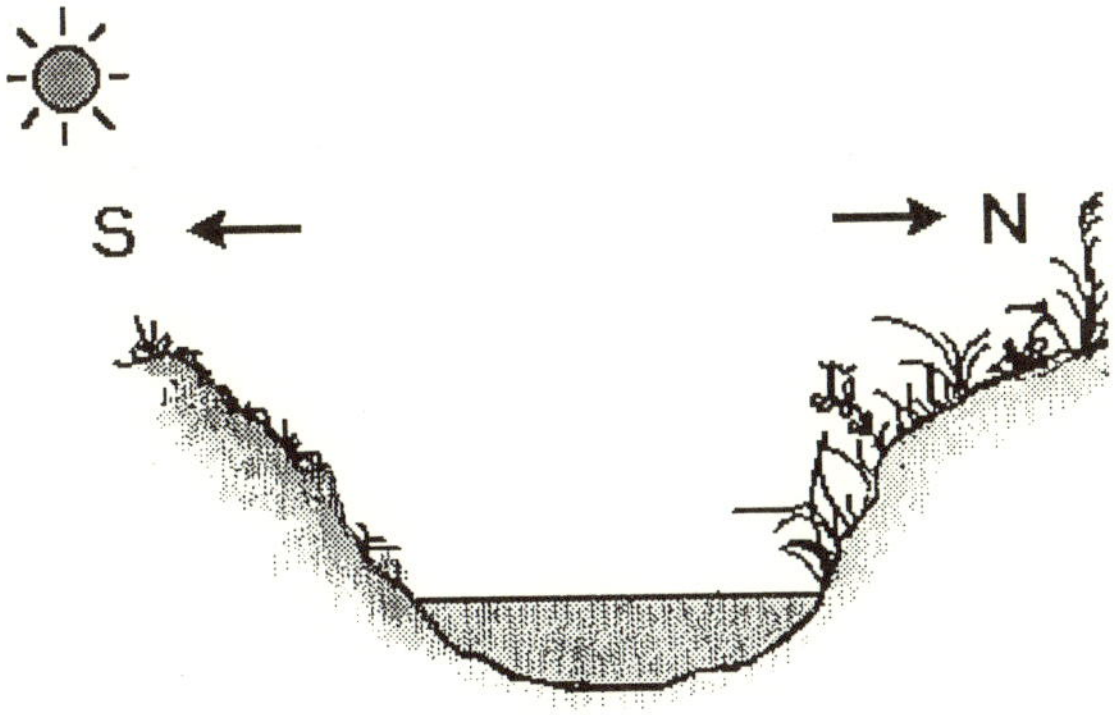

第41図　太陽の方向と反対側が明るい。

議に思い、もう一回試みてみました。さらにもう一回と何回やっても結果は同じでした。そのうちにいかに鈍い私でも思い当たったのです。第41図のように、太陽が南にあれば、垂直に近い池の縁の壁は北側の方が太陽に照らされて明るくなります。逆に、太陽のある南側の壁は日陰になって暗くなります。きわめて当たり前のことです。

するとヒキガエルは太陽の光が反射している明るい壁に向かって移動していくに違いありません。

そうだとすると、一日のうちでも時間によって太陽のある方角が変わりますから、反射する光がいちばん強くなる方向も変わるはずです。その翌翌年、同じ場所で大岡さんのお母さんで跡見学園短期大学で生物学を教えていらっしゃる大岡貞子先生が午前と午後に観察をなさってこのことも確かめてくださいました。午前には北のほか西の壁にも、午後には逆に東の壁にもかなりの数の個体が集まっています（第40図ａとｃ）。

実は私たちはこのほかにももう一つ、これは人工的に作ったばかりの池に、ほかの場所からヒキガエルの卵を移してきて、それから孵《かえ》ったオタマジャクシが変態後、池のどちらの側に出るかを調べる実験を行ないました。池は私たちの研究室の窓から見下ろせるところに作りました。第42図をご覧になればおわかりかとも思いますが、私たちの研究室のある建物は南北に長い、地上一〇階、地下一階建てのビルです。形式としては地面に地下一階の床にあたるところまで溝を掘って、そこに一一階建てのビルを建てたようになっています。したがって地下一階は建物の外にコンクリートで覆ってはありますが、一応地面があるわけです。もちろん、この長方形の地面の建物側は建物の壁に面しています。そしてその反対側はもちろん、一階の床面までの高さの壁があることになりますが、実際は一五〇センチくらいの高さのところでいったん水平になり、この水平部分が壁まで二メートルほど続きます。すなわち幅二メートル、長さ六一・二メートルもの長方形の水平な部分が、建物の東側に存在します。そしてここには土が入れてあって、ところどころにツツジやヤツデが植えてあります。もちろん、数多くはないですが雑草も生えています。ここに長さ一〇〇センチ、幅五〇センチの長方形をしたプラスチックの衣装ケースを三個、連続して埋めて人工池をつくりました。深さは約三〇センチです。ここに水を入れて小金井公園の池から採集してきた卵を入れておきました。オタマジャクシになると、ときどき、ホウレンソウを煮たのを餌として与えて、変態の終わるのを待ちました。もちろん、個体差もあって変態の終わる時期は一定せず、かなり長期にわたりました。そこでわれわれはこの人工池の周囲の地面に糸を張って、地表をたくさんの正方形の区画に分けました。そうして五月一二日から六月一九日まで三九日間、毎日夜の八時に、地表の各区画にいる変態直後のヒキガエルの数を数えました。その結果を区画を何個かいっしょにして整理して示したのが第42図の右側の図です。

どうでしょう、見事にどの個体も池の一方に集中して出ていることが明らかです。ところがここで困った問題が生じました。なんとヒキガエルが集中して出ているのは西側なのです。自由学園や農工大学のように北側ではないのです。これにはさすがの私も困ってしまいました。

そこで本来の原理、いちばん明るい反射光が来る方向というのを考えてみました。この池の東側には高さ二・八メートルの壁が地表までそそり立っています。さらに西側には一一階建ての建物の壁が立っています。南と北は幅の狭い地面がずっと何メートルも続いていて、そのはるかかなたに壁が小さく見えるだけです。つまり、この池の上には東側だけが大きく開けていて空が広がっているのです。したがっていちばん明るい光は東の空から来て、西側にある建物の壁がいちばん、大きくまた強く光を反射している面になります。地表に続く東側の壁は西側が建物に遮られていますから、暗くてじめじめしています。

そこで、念のために翌年の五月にここで池の表面から三・五センチ上

第42図　早稲田大学の建物と人工の池の位置。右は池のまわりの各区画に上陸した子ガエルの数を示した。

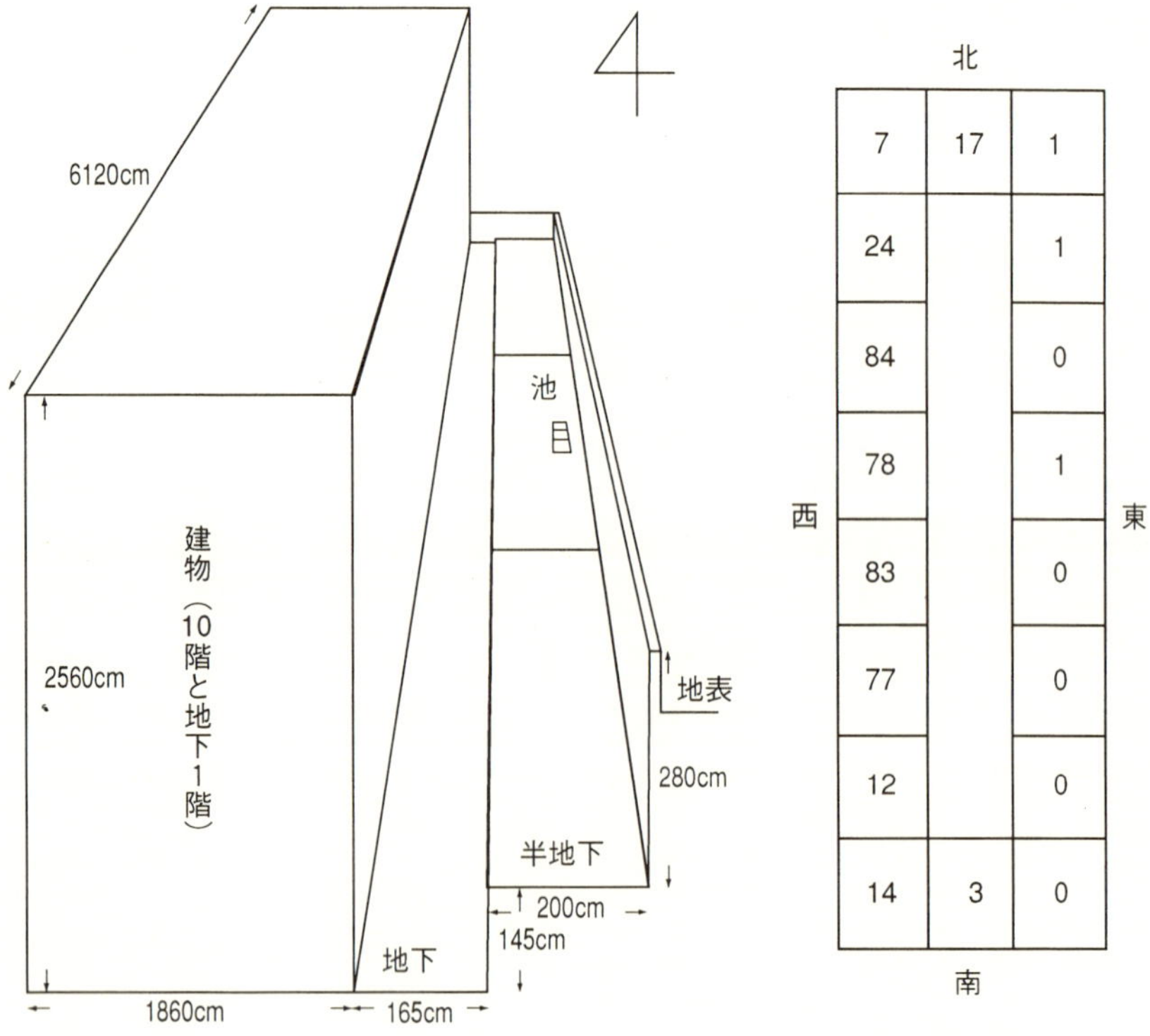

の点で、水平方向で東西南北から来る光の強度を何時間おきかに測定してみました。その結果もやはり西側から来る光がいちばん強いことがわかりました。

どうして池の北側に上陸するのだろう?

こうして変態直後のヒキガエルは池から上陸するときには、最も強く光を反射している面に向かって上陸していくことが明らかとなりました。自然状態で周囲が開けているような場所ではそれは当然、池の北側の斜面になります。池は普通ならまわりより低いところに出来ますから。

それでは、これはどのような意味を持っているのでしょうか。この疑問は自然の池がある場所に行ってみるとすぐにわかりました。池のまわりは斜面になっていますが、北側の斜面は日当たりがよくて、草木がよく茂っています。ところが南側の斜面は暗くて草木の茂りかたがずっとみすぼらしいのです。これはきっと、これら植物に大きく依存して生活している昆虫などの小動物についても、北の斜面は豊富で、南の斜面は乏しいに違いありません。もし、ヒキガエルの祖先では、反射光の強く来る方向に向かう遺伝的性質を持った個体と、逆に強い反射光が来るのとは逆の方向に向かう遺伝的性質を持った個体の両方が存在していたとします。前者は上陸後、餌となる小動物や隠れ家となる落ち葉などに恵まれ、立派な大人となって池に戻って来る率は高いに違いありません。その逆に、後者は親になれる率は低くて池に帰って来る確率もずっと小さくなるに違いありません。このように考えると、変態直後のヒキガエルが、強い反射光を持っている面に向かって進んでいくという性質の重要さが理解できると思います。

生物の持っているたくさんの遺伝子の中には、自然選択に対してまったく中立的な遺伝子が多数存在することは今ではかなり広く認められています。しかし、外に現われている形態学的な性質や、行動学的、あるいは生理学的性質には、よく調べてみるとこのように自然選択によって固定された重要な意味を持っている性質がたくさんあります。ある性質がその種の存続にどのような形で貢献しているかを考え、明らかにすることは大切なことであると同時に、研究をきわめておもしろくします。

昼行性から夜行性へ

さて、このように変態直後のヒキガエルは太陽の光を最も強く反射している大きな面に向かって上陸をしていくことがわかったわけですが、これは当然、夜では不可能です。実際、自由学園での観察のときも、雨は降っていても夜になると上陸するヒキガエルはいなくなりました。あちこちで上陸が観察されるのは私が知る限りでは、すべて雨が降っている昼間でした。ところが最初の頃の話にあったように繁殖期のヒキガエルが行動するのはほとんど日没後に限られています。また繁殖期でない夏でも、大型の個体が活動しているのはすべて夜です。もっとも、まれに繁殖期でも夏でも昼間大型の個体を見かけることがたまにあります。しかし、これはあくまでも例外で、ほとんどの大型の個体は、非繁殖期でも繁殖期でも活動するのは夜に限られています。

こうなってくるとたいしたことではありませんが、変態直後の昼行性のヒキガエルがいつ夜行性に変わるかが気になります。上陸が終わると一息してすぐに夜行性に変わるのでしょうか。それともある程度大きくなってからでしょうか。また変態前や変態中はどうなのでしょうか。

次々と疑問が湧いてきます。

そこで、まず私たちは論文を調べるよりも何よりも自分たちで観察をすることに決めました。これからの観察は、沢本久美さん、日本女子大学理学部四年生の学生さんで、木村武二教授の指導で私たちと共同研究をしている通称クミちゃんを中心として、私の研究室の大学院学生の中沢君をはじめ、ときには全員が出動して行ったものです。

一日のうちのいつ活動するのか—実験室での観察

まず実験室内で機械を使って自動的に動物が一日のうちのいつ活動するかを調べることにしました。かなり前に田崎陽子さんが成熟した大きなヒキガエルの活動を調べたときにはたいへんでした。なにせ、あの大きな図体をのそのそと動かすのを自動的に記録しようというのですから。小さな動物や少し大きくてもラットのようによく動く動物ですと、便利な機械が市販されています。赤外線のエミッター（赤外線を出す装置）とセンサー（赤外線があたると電流が流れる装置）を組み合わせておいて、その間を動物が通ると何回通ったかを数える機械で、これと適当な電流の記録装置を使えば動物がいつどのくらい動いていつ動かないかを簡単に調べることができます。しかし、ヒキガエルは大きくてのそのとしか動かないので、普通の機械ではうまくいきません。そこで、ヒキガエルを入れた箱の中に何か所もこのエミッターとセンサーの組み合わせを付けておいて、そのどこの赤外線が遮られているかを記録していって、ヒキガエルの移動距離を出すという装置を組み立てました。

実は私にはこういった電子機械についての知識が皆無に近くて、電子機械を組み立てたりできる人は、キリシタン・バテレンのエレキテルを使う魔術師のように見えます。ところが幸い、私の長男が東北大学工学部の大学院在学中で、真空中に放出した水滴がいつどのようにして蒸発してなくなるかを記録する装置を作っていたようでした。そこで長男に簡単な設計図を画いてもらいました。長い親子の付合いですが、長男に研究を助けてもらったことはこれが最初で最後か、もう一回あるかくらいです。肝心な田崎さんも電子機器のことなどまったくの素人でしたが、電子工作の本を買ってきて勉強をはじめ、秋葉原のパーツ屋さんに通いつめて、あっという間に見事な装置を作りました。その上、パソコンの使い方もマスターし、当時、古くなって使わなくなっていたNECのPC－八〇〇〇やPC－八八〇〇に組み立てた装置をつないで、測定データをフロッピーに記録していました。よく女性は工学に向かないと言う人もいますが、どうもそれは嘘のようです。田崎さんは決して外見だって男みたいなんてことはありません。当時は長い黒髪の素敵な、若い魅力的なお嬢さんでした。彼女は今は結婚して本多さんとなってご主人と東京都老人研究所で線虫という動物を使って老化の研究をしています。そこで彼女の手を煩わすわけにはいきません。

ところがよくしたもので、今は大学院二年生の中沢秀夫君がエレキテルについてはいつのまにか田崎さんの上を行く名人になっていて、自分の本職のかたわら、ヒキガエルのオタマジャクシの日周期活動を記録する装置をクミちゃんのために組み立ててくれました。さて実行派ナンバー・ワンの久美ちゃんはただちに実験にかかりました。実験科学の分野の研究者にとって何よりも大切なのは実行力です。この点、久美ちゃんは抜群で、計画ができる前から動きはじめているという立派な人で、私の恩師の小林先生がきっと気に入るに違いないと思います。

さて、久美ちゃんこと沢本さんは装置の中に手足が生えてきて変態も終わりに近いオタマジャクシを三〇頭入れました。するとなんとオタマジャクシはほとんど一日中休まずに運動しているのです。もっとも、交代して休んでいるのもいるのかもしれませんが、ほとんど全員が揃って休むというような時間帯は見当たりません。ところが、変態が終わって水から出る頃が迫ってくると、なんとなく活動に日周期があらわれはじめ、全員がよく動く時間帯と、動かなくなる時間帯が見られるようになります。そして、変態が終わって陸に出つつある頃の個体や陸に出てしまった個体はなんと、昼間のほうが夜よりよく活動するようになります。

すなわち、オタマジャクシは活動に日周期がほとんどないが、変態が終わると昼間によく活動するように変わることが実験装置を使った観察で明らかになりました。

新たな問題

さて、実験室の実験装置の中で観察したことが、自然状態でも起こっているかどうかはまた別の問題です。そこで、私たちは野外で小型の変態を終わって間もないヒキガエルの個体と、生まれてから二年や三年たったと思われるような大きなヒキガエルの個体とでは、活動の時間帯がどう違うかを調べてみました。このような研究を行なうのにはできれば昼間もあまり人がいなくて、その上夜間人が来ないところが好ましいのです。幸い、都内のある大学のキャンパスにヒキガエルがかなりいることがわかったので、そこのキャンパスで徹夜で観察をすることになり、ありがたいことに、そこの大学のM先生が研究室を根拠地として使わせてくださいました。実はM先生は夫人が自由学園で理科を教えておいでになるという二重の縁があるのです。

こういう作業は全員出動でやるのがいちばんです。ふだん、体調がどうの、バイトで忙しいのといっている学生諸君もこういうのになると急に元気になって、風邪も治って、バイトも休んで嬉しそうに揃って参加するからおもしろいものです。どうも私のところの学生たちは私と同じで、お祭り騒ぎは大好きのようです。

さて彼らは二グループに別れて、二四時間を毎時間一回（一つのグループについては二時間おきになる）、構内の一定の通路を歩いて路上、ならびにその周囲にいるヒキガエルの数を数えたのです。その結果は次のようなものでした。

まず、体長一〇センチ以上のヒキガルはほとんどが日没から動きはじめて、日が出ると姿を消すことがわかりました。一方、この春に変態を終えたと思われる体長三センチ以下のヒキガエルがたくさんいたのですが、この小さいのはすべて活動が日中で夜にはまったく姿を見せません。しかし、昼中いつも同じように動いているのではなくて、日の出直後と、日没直前によく活動していて、昼頃には道路上で見つかるものの数が減りました。これはいろいろな動物でよく知られていることで、小型のヒキガエルもその例にもれないようでした。この小さなヒキガエルがなぜ、この春に変態を終えたと考えられるかというと、沢本さんが室内で飼育していたこの春変態を終えたものも同程度の大きさになっていたからですし、松井先生のお書きになったものからもそのように判断されます。

室内の実験結果から判断してこの野外の小さなヒキガエルも秋までにはだんだんと夜行性に変わっていくのでしょう。そして、冬を越した来年には体の大きい、完全に夜行性のものになっているに違いありません。

さてそれではヒキガエルはなぜ、このようにオタマジャクシのときには一日中、変態をしたばかりの小型のものは昼間だけ、大型のものは夜だけというように、活動時間が変化していくのでしょう。きっと、なにかそのほうが都合がよいのでこのようなことが起こるに違いありません。

そこでみんなで考えてみました。オタマジャクシはなるべく短い間に急いで大きくなって変態をしなければなりません。そこで昼夜を通して活動して餌を食べる必要があるのではないでしょうか。それでは小型のものはなぜ昼行性で大型のものは夜行性となっているのでしょう。菊地元史君はきっと大型のものが小型のものを食べてしまわないようになっているのではないでしょうかといいました。これはおおいに可能性があります。でもそうだとすると小型のものが夜行性で大型のものが昼行性であってもよいはずです。

もしかすると、小型のものが昼行性であることが何か都合がよい理由があるのではないかと考えてみました。たとえば餌となる小さな動物が昼行性だというような理由はないでしょうか。そこで小型のものはどんな餌を食べているかを誰かが調べていないかと思って本を読んでみましたら、『ヒキガエルの生物学』という本に、小さなヒキガエルがアリを食べているという観察があると書いてありました。これはうまいぞ、たぶん、アリはたいてい昼間活動しているに違いないから、これは都合がよいと思って、念のためにアリの専門家の専修大学の増子恵一先生に聞いてみました。増子先生は昔、私たちの学科の学生で、その頃（もしかするとその以前）からアリ一筋で勉強してきて、初志を通し専門家になった熱意の人です。ところが増子先生によるとアリには昼行性の種も、夜行性の種もあるということで、ヒキガエルの食べているアリの種名がわからなければなんともいえないというご返事でがっかりしました。

でもそのうち、小さなヒキガエルがどのくらいの大きさの餌を食べていて、そのくらいの大きさの動物は昼と夜とどちらが多いかを、実際に調べてみようと思っています。もっとも大きなヒキガエルについても、似たような調査が必要です。また研究室全員で大騒ぎをしてやることになるのでしょう。

雄の抱接と受精の鍵

ヒキガエルの生殖行動

まずは抱きついてみる雄

ヒキガエルの雄は繁殖期になるとおもしろい行動をします。まずヒキガエルと大きさと形と動きが似たものがあれば何でもそれに飛び乗って抱えようとするのです。雌のヒキガエルはもちろん、雄のヒキガエルでも、あるいはウシガエルでも、さらにはコイみたいな魚にまでもです。私の野外作業用の靴の爪先なども大好きらしく、よく雄のヒキガエルに飛びつかれます。

しかし、飛びついた対象が私の靴の場合などは、抱きつこうとしても抱けないので、すぐにこれは変だぞといった様子をして離れていきます。飛び乗った相手が雌だと、雌の脇の下に手を差し込んで、しっかりと雌を抱きしめます。この抱きしめの強さは強烈で、われわれが手で引き離そうとしても、簡単には離せないほどです。おもしろいのは飛び乗った対象が雄のときです。飛び乗って脇の下に手を差し込んで抱きしめたと思うと、ただちに相手から慌てて飛び降りて、私の目には、ああ嫌なものに触ってしまったというように見える様子を示して、急いで相手から離れていくのです。

さて、なぜヒキガエルの雄には、飛び乗って抱きしめた相手が雌か雄かがわかるのでしょう。これには詳しい研究がすでにいくつもあって、その仕組みがよくわかっています。詳しいことは『ヒキガエルの生物学』にまかせておいて、ここでは簡単に記しておきます。雄のヒキガエルは脇の下あたりを押さえられると、ククというような声を出すと同時に、両腕から上体をブルブルと微妙に震わせる反射があります。この声はレリーズ・コール、振動はレリーズ・バイブレイションと名づけられていて、背中に乗った雄はこれを感じると、慌てて手を放して飛び降りるのです。要するにこのレリーズ・コールやレリーズ・バイブレイションは「僕は雄だぞ、よしてくれ」という信号になっているのです。繁殖期に池に向かって歩いているヒキガエルが雄か雌かを調べる一つの方法は、ヒキガエルを見つけたら指をヒキガエルの脇の下に差し込んで持ち上げてみるのです（第43図）。雄だったらたいていこのレリーズ・バイブレイションとレリーズ・コールをします。雌はしません。そこで、ときどきヒキガエルの雄はこういった反射を示さない、ウシガエルやコイなどに抱きついて放さないのです。ちょうど、写真家の中島道雄さんが

第43図　レリーズ・バイブレイションのテスト

撮ってくださった、見事な写真があります（第44図）。なんとこの写真では一匹の大きなウシガエルに三匹ものヒキガエルの雄が抱きついていています。ウシガエルはかわいそうに、体を硬直させてほとんど死にかかっていました。新聞などにもコイに抱きついたヒキガエルの写真が載っていたのを見たことがあります。

抱きつきを許す雌は

すでに繁殖期に池に向かっている雌は雄に抱きつかれても何もしないことは記しました。ところが産卵を終わった雌は、なんとレリーズ・バイブレイションを示すのです。したがって、産卵後の雌に雄が抱きついても、雌がレリーズ・バイブレイションをするので、雄はただちに雌を放します。私たちが一年間、毎月一回、雄雌のヒキガエルを捕まえて、指で体を抱えて持ち上げ、レリーズ・バイブレイションやレリーズ・コールをするかどうか調べてみました。その結果、雄はレリーズ・バイブレイションとレリーズ・コールを一年を通していつでもするのですが、雌は産卵の頃から秋まではレリーズ・バイブレイションをしていますが、冬のはじめ頃からしないものが現われはじめ、二月か三月の繁殖期に入るとほとんどすべてのものがレリーズ・バイブレイションをしなくなり

第44図　ウシガエルに抱接したヒキガエルの雄たち（撮影、中島道雄）

ます。

このように雌のヒキガエルは繁殖期も産卵前だけに雄が抱きつくのを許すのです。雄が雌などに抱きつこうとするのは繁殖期だけのようですが、これはまだ正確には調べていません。

雄の抱きつくことの意味

ヒキガエルは体外受精ですから雄は雌に抱きついても、交尾をするわけではありません。雌が水の中で産卵をすると、抱きついている雄は精子を放出します。したがって、この抱きつく行動は受精を確実にする行動だと考えられていました。ところが私たちはこれにもう一つ重要な役割があることを発見しました。ちょっとその話をする前に、排卵《はいらん》とホルモンの話をさせてください。

排卵とは

人間と同じように魚類でも両生類でも雌には卵巣《らんそう》があり、卵巣にはたくさんの卵が入っています。そしてこの卵が卵巣から外に出ることを排卵といいます。普通、人間ですと一度に排卵される卵の数は一個です。ニワトリでも一個ですが、ネズミの類では数個の卵が一度に排卵されますし、ヒキガエルのような両生類や多くの魚類では一度に非常にたくさんの数の卵が排卵されます。松井俊文先生の観察によるとヒキガエルの場合は一匹の雌のヒキガエルが一度に数千個もの卵を産むそうですから、排卵される数も同じ数になります。

さて、哺乳類に話を限ると、哺乳類では繁殖期になると自動的に一定の周期で排卵をする種と、自動的には排卵せず交尾をするとそれが刺激となって排卵する種とがあるのです。もちろん人間は前者です（もっとも人間は決まった繁殖期がなくて一年中繁殖することが可能ですが）。ネズミやイヌなども前者です。ウサギやイタチは後者で、ウサギやイタチの雌は交尾をした直後だけに排卵するのです。前者のような動物は繁殖期には群れをつくって暮らしているので雌はいつでも雄と交尾をすることができるが、後者のような動物は単独で行動しているので、雌がいつ雄に出会えるかわからないことが原因で、交尾しないと排卵しないという仕組みができたのだといわれています。

排卵をうながす黄体形成ホルモン

ところで、この排卵にはホルモンが非常に重要なのです。背骨のある脊椎動物では脳下垂体というホルモンを分泌している小さな器官が脳の下にぶらさがっています。ヒトですとその大きさは小指の先くらい、ウシでも親指の先くらいです。ヒキガエルの脳下垂体になると米粒より小さいでしょう。こんな小さな器官から少なくとも九種類ものホルモンが分泌されていることが知られています。そのなかに黄体形成ホルモンと呼ばれるホルモンがあります。このホルモンが脳下垂体からどっと一度に大量に分泌されると排卵が起こります。すなわちこれは排卵を引き起こすのに必要なホルモンなのです（そのほかにも重要な働きがありますが省略します）。

この排卵のために一度にどっと黄体形成ホルモンが分泌されることを専門家は黄体形成ホルモンのサージと呼んでいます。ここでもこの言葉を使わせてもらいます。したがって、ヒトの場合は女性では思春期以後いわゆる生理がなくなるまで、およそ二八日に一回、黄体形成ホルモンのサージが自動的に起こるのです。男性でも黄体形成ホルモンは分泌されているのですが、思春期から分泌が盛んにはなってもいつもだいたい同じ程度の量が分泌されていて、女性のようにサージはありません。このことは哺乳類でなくても同じだといわれていて、たとえば一日に一回排卵をするニワトリでも雌では一日に一回黄体形成ホルモンのサージがありますが、雄にはありません。

さて、交尾によって排卵するウサギのような動物では、やはり交尾が刺激になって黄体形成ホルモンのサージが起こるのです。その結果、排卵が起こります。そこで実は私はヒキガエルでも同じようなことがあるのではないかと考えました。ヒキガエルの雌が池にやってきます。池の近くや池の中で雄にしっかりと抱きつかれることが刺激となって、黄体形成ホルモンのサージが起こり、その結果、排卵が起こるのではないかと期待したのです。なにせ、引き離すのが困難なほどしっかりと雄が抱きついているのですから、絶対これは何かあるはずだと思って、この仮説を考えついたのです。

ヒキガエルの場合は卵生《らんせい》ですから、排卵に引き続いて、産卵が起こります。産卵は池の中でしますが、池の近くで捕まえると産卵はまだでも排卵はすでに起こっている雌もいます。したがって、排卵はちょうど、雌が雄に抱きつかれると起こると考えても、時間的には矛盾がありません。

そこで、池に向かって動き出す直前、池に向かって動いている最中、池の縁を徘徊中、池の中で遊泳中、池から上陸をして池付近から離れている最中、といった繁殖期の五種類の異なった段階の雌雄を平林寺で捕まえて、その場で心臓から血液を採りました。これは当時、私たちの研究室のヒキガエル研究の中心的存在だった高田耕司君と、その一年下でヒキガエル取りの超名人として、また超几帳面な人として名高い井上正美君（現在、埼玉県松山高校教諭）が担当しました。

心臓からの採血法

このヒキガエルを生かしたまま心臓から血液を採るという方法についてちょっと説明しておきましょう。

ウサギやモルモットのような実験動物を用いて研究している人たちの中には、動物を殺さないで、かつ麻酔もしないで体の外から心臓に注射器の針を入れて、血液を採るという離れ技を持っている人がよくいます。二〇年以上前だったと思いますが、私たちの研究室で孵化《ふか》したばかりのニワトリのヒヨコの心臓の中にある物質を抽入する必要がありました。もちろん、ヒヨコは殺してはいけません。生きているヒヨコに外から注射器で心室内に注射するのです。この研究は今は東京医科大学の解剖学教室で講師をしている古谷哲男君がやっていたのですが、最初はどうやってヒヨコの心臓の心室に注射器の針を刺すかが問題となりました。このときは指導教員の私も頭をひねりましたが、三日三晩寝ずにというわけではありませんが、二、三日考えてアイディアがわいてきました。まずかわいそうですがヒヨコを一匹犠牲になってもらって、麻酔して殺し、胸の壁の右半分に穴をあけて側面から心臓が見えるようにしました。正面の中心付近は切らないように残しておきます。そうして体の右側から心臓を肉眼で見ながら、まだ胸郭も皮膚も残っている正中面から注射器の針を刺してみます。そうして目で見ながら針先を心臓に刺してみたのです。そうすると、体外のどのよう位置から、どのような角度で、どのくらいの深さまで針を刺せば、針先が心臓に届くかがわかります。さらに心臓に針先が触ったり、刺さったりするとどのような感じがするかもよくわかります。

このようにして犠牲となった練習用のヒヨコで十分に練習を積んでから古谷君は本番にかかりました。もちろん、実験は成功して百発百中でヒヨコの心臓に注射ができるようになったことはいうまでもありません。こういった練習のことを知らない人たちはびっくりしてこの古谷君の熟達の技をみていました。

さてヒキガエルの心臓から採血をすることになった高田耕司君は早速ヒヨコと同じように練習をすることになったのですが、彼は「ヒキガエルはヒヨコより体がはるかに大きいので、生きたままでは暴れてしまって心臓に注射をするのは不可能です」と主張するのです。確かにもっともな意見です。しかし、これを容認してしまっては何もできません。先生たるものはここで冷たく突っぱねる必要があります。しかし、高田君も簡単には引っ込みません。ヒキガエルでは生きたまま心臓から採血することはできないと粘るのです。麻酔をすればよいようなものですが、麻酔をするとホルモンの分泌状態に変化が生じてしまう恐れがあります。そして、野外で何匹ものヒキガエルを見つけた場合、次々と麻酔をするのは簡単ではありません。こういった野外での作業は一人かせいぜい二人でせざるを得ないのが普通です。

さて冷たく突っぱねたもののやはり高田君が気の毒になりました。高田君という人は非常に優秀で頭のよい人なのですが、常日頃なんとなくかわいそうだという感情を相手に持たせるところのある人なのです。そしてまた、実際、しょっちゅう悲劇が起こる人なのです。彼がはじめての学会に出席して講演するというときに、出発の前日になってひどい熱が出て出席できなくなってしまい、みんなに気の毒がられたことは今も

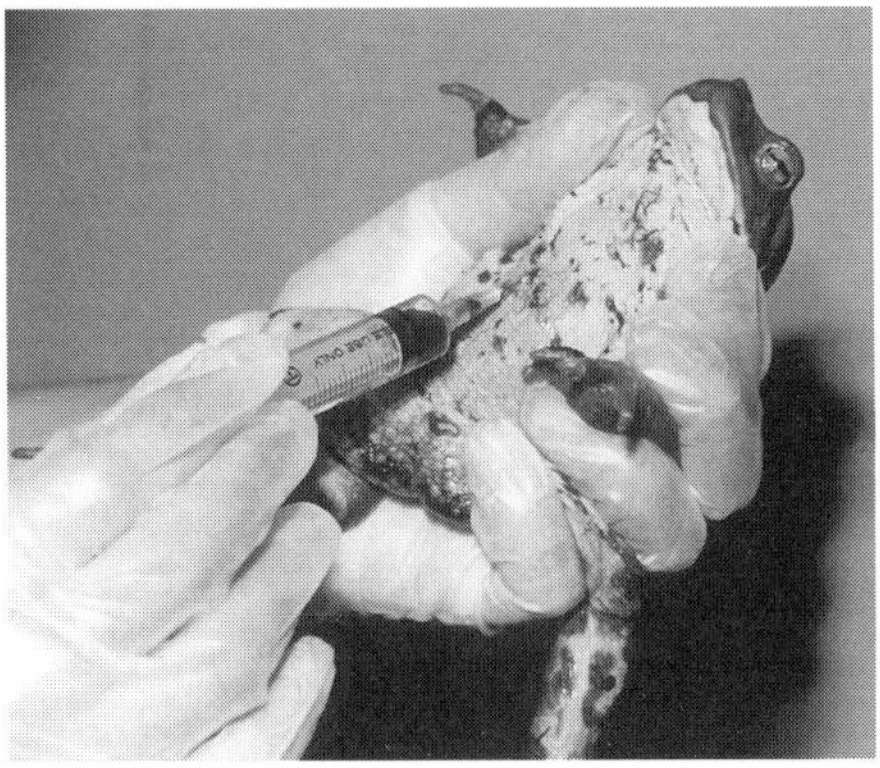
第45図　心臓から血液を採る

記憶に新たです。なんと、たった今もちょうど彼から電話がかかってきました。明後日の忘年会に来られなくなったというのです。感冒のウイルスが聴神経に入ったらしく、昨日から片方の耳が聞こえなくなってしまったというのです。このように事あるごとに彼には悲劇がおそってくるのです。

そこで私も懸命に考えて、うまい方法を考え出しました。たまたま手元にヒキガエルが何とか入るくらいの大きさのボール紙の箱がありました。その箱の底の一部に小さな窓を開けました。そして、ヒキガエルを箱に押し込むと、なんとヒキガエルは体を縮めてその中におとなしく収まっています。きっと隠れているつもりなのでしょう。そこで、箱の蓋をしてゴムバンドをかけて蓋が取れないようにしました。そして、あらかじめ心臓の位置にくるように空けておいた窓から注射針を刺し込むようにしたのです。我ながらうまいアイディアだと得意になりました。もちろん、この方法で高田君は採血をはじめたのですが、なんと二、三週間後には箱などまったく使わず、左手でヒキガエルの体を持ち、その手の指を上手に使って暴れないようにヒキガエルの手足を固定し、右手に注射器を持って、ほんの一、二分でさっと心臓から一ミリリットル以上もの血液を採取しているのです（第45図）。私が感心すると、「なに、ちょろいものです」とすましていました。なんだかあんなに心配して考えてあげたのが馬鹿らしくなりました。

ヒキガエルの排卵と黄体形成ホルモンの関係は？

実は高田君はこの平林寺で採集した、繁殖期のいろいろな段階のヒキガエルの黄体形成ホルモンを測定する前に理学博士の学位も取れ、就職も決まって、私たちの研究室を去ることになりました。ちょうど、その後に新たなメンバーとして私たちの研究室に入ってきたのが今は聖マリアンナ医科大学化学教室の講師をしている伊藤正則君です。伊藤君は非常に真面目でかつ器用な人であっという間にホルモンを測定するむずかしい技術をマスターしました。そして、先に述べたように、（A）池に向かって動き出す直前、（B）池に向かって動いている最中、（C）池の縁を徘徊中、（D）池の中で遊泳中、（E）池から上陸をして池付近から離れている最中という五段階の雌雄のヒキガエルの血液の中の黄体形成ホルモンを測定したのです。

もし、雌が雄に抱かれることによって黄体形成ホルモンのサージを起こすとすれば、雄に抱かれている雌は血液中の黄体形成ホルモンの濃度が高くなっているに違いありません。そして雄に抱かれていない雌は当然、ホルモン濃度が低いはずです。

さて繁殖期には雌より雄の数のほうがはるかに多いので、池の中で見つかる雌はほとんどすべて雄に抱きつかれています。そこで池に到着する前の雌で雄に抱きつかれているのと、まだ雄に見つかっていなくて、抱きつかれていないのもの両方を比較してみました。第46図右にその結果が示してあります。三月二一日に見つけた段階Bの池に向かって歩いている雌の血液中の黄体形成ホルモンの平均濃度は、両者の間にはほとんど差がないか、むしろ雄に抱きつかれていないもののほうが、わずかですが高くなっています。また三月二二日に段階C池の縁でうろうろしていた雌でも、数は少ない（二匹）のですが、やはり血液中の黄体形成ホルモンの濃度は独りぼっちの雌のほうが高くなっています。

これを見るとどうも雌は雄に抱きつかれたからといって、黄体形成ホルモンの分泌が高くなるとは限らないようです。ただ二三日以降の雌はすべて雄に抱きつかれていて、かつホルモン濃度も非常に高くなっています。しかし、実験室で雄から隔離しておいた雌のヒキガエルも未受精卵を産みましたので、やはり雄が抱きつくことと排卵とは関係がないと思われました。残念ながら私のせっかくの仮説はこのようにして駄目だということになったのです。

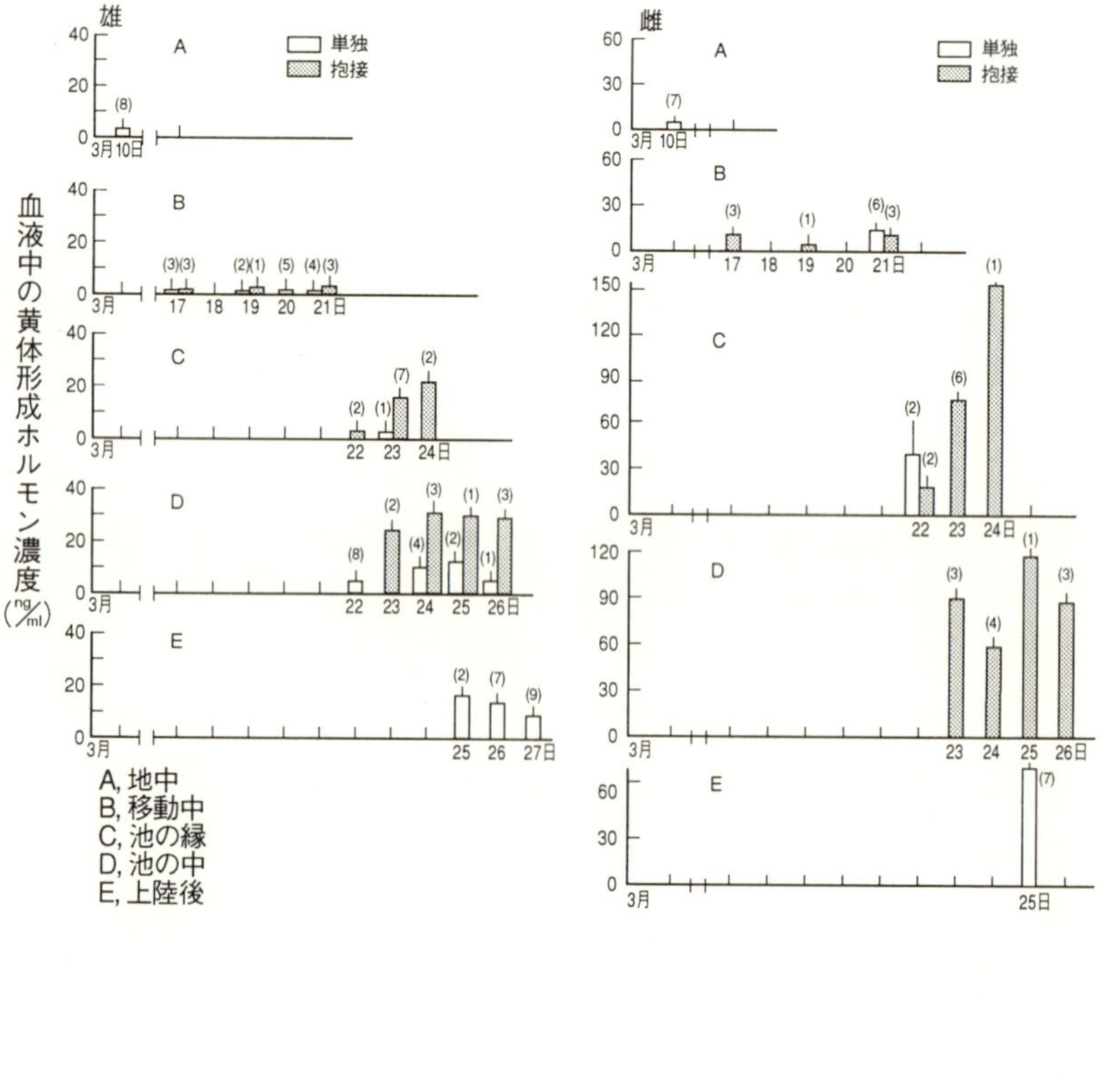

第46図　池へ向かうときのヒキガエルの黄体形成ホルモンの変化。

雄にも黄体形成ホルモンのサージがある

このようにして、きわめて残念な結果となったのですが、ついでに雄についても繁殖期のいろいろな段階について、血液中の黄体形成ホルモンの濃度を測定しておきました。その結果（第46図左）を見るとおもしろいことに気がつきます。まず、雄にはないといわれていた黄体形成ホルモンのサージがヒキガエルではあるのです。池に近づくにつれて血液中の黄体形成ホルモンの濃度はどんどん上昇し、雌のピークの半分ほどのレベルですが、池の中では地中にいたときの一〇倍以上になっています。これは新しい発見といいたいのですが、実は魚類でも種類によっては同じようなことがあることが報告されていました。ではなぜ、ヒキガエルの雄ではこのようなことがあるのでしょうか。

実は一九五〇年頃までには女性が妊娠しているかどうかを診断する方法にガリマニーニ検査法という方法がありました。これは妊婦の尿を注射したヒキガエルの雄ではお腹を押すと精子が出るということに基づいた方法です。妊娠していない人の尿ではそんなことは起こりません。妊娠した人の場合、胎盤《たいばん》から胎盤絨毛性《たいばんじゅうもうせい》生殖腺刺激ホルモンと呼ばれる、作用が黄体形成ホルモンと同じホルモンが分泌されます。そしてこのホルモンは尿中に多量に排泄されるのです。ヒキガエルではこのホルモンや黄体形成ホルモンが精子の放出を可能にしているのです。

今では両生類では精巣の内壁にくっついている精子が黄体形成ホルモンの作用で内壁からはがれて、精巣の外に出るようになることがわかっています。すなわち、ヒキガエルでは雄でも黄体形成ホルモンのサージがあって、これが精子の放出を一時に行なえるようにしているのでしょう。

精子の放出を引き起こす鍵

さて、もう一度、繁殖期のいろいろな段階でのヒキガエルの雄の血液中の黄体形成ホルモンの平均濃度をみてみましょう。雌を抱いていた雄と、雌に巡り会えなかったか、出会ってもほかの雄に奪われて雌を得られなかった孤独な雄とを比較してみましょう。驚いたことに、ホルモン濃度のまだ低い段階Bでもこの両者の間には明らかな差があって、雌を抱いている雄のほうが孤独な雄よりもホルモンのレベルが高いのです。段階CやDになるとそれはもっと顕著です。つまり、なんと雄のほうに、雌を抱くと黄体形成ホルモンのサージが起こっていると思われるのです。雄のヒキガエルは雌を抱くことによって、黄体形成ホルモンのサージが

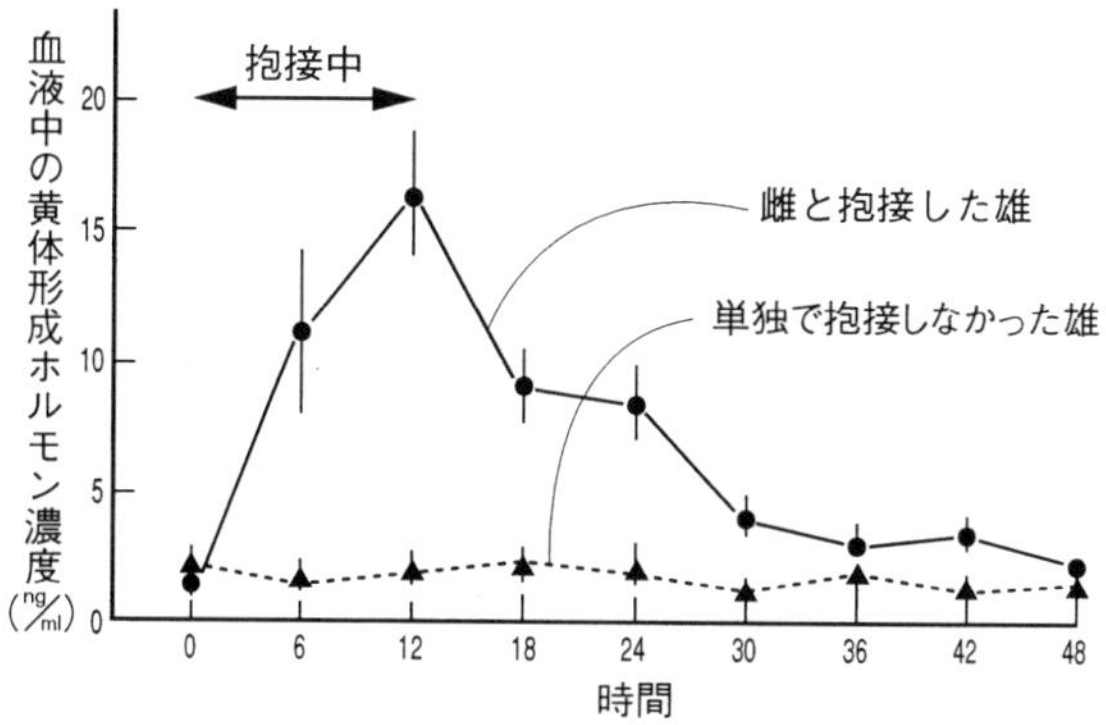

第47図　雌との抱接の有無による雄の黄体形成ホルモンの変化。

起こり、このホルモンが精巣の内壁からの精子の遊離を起こさせ、精子の放出を可能にするのだろうと考えられます。

この仮説を確かにするために、私たちは実験を計画しました。すなわち池に向かっているヒキガエルの雄を多数用意し、半分の数の雄は同数の雌といっしょに容器に閉じ込めておき、残りの雄は雄だけにして、やはり同じような容器に入れておきました。容器というのは実は衣装ケースという名で市販されているプラスチックの入れ物です。そして、適当な時間間隔で雄の血液を採り、その中の黄体形成ホルモンの濃度を測定したのです。雌を抱いている雄は心臓から血液を採ったくらいでは、ほとんどの場合、雌を放しませんでした。さて測定結果を見てください（第47図）。雌と同居させておいたグループでは雄は全員、雌を抱いていました。そしてなんと、血液中のホルモンの濃度は抱きはじめると同時にぐんぐんと上昇したのです。そして半日くらいたって、雌を放すとホルモン濃度はただちに下降してもとに戻りました。しかし、雄だけにしておいたグループでは血液中の黄体形成ホルモンの濃度は低いままでほとんど変化しませんでした。

これで、私たちの仮説は正しかったと思ってその結果を学会で発表したら、なんといろいろな人から反論されました。この実験だけでは雌を抱いたことが原因とはいえないというのです。雌のフェロモンでも同じことが起こりうるというのです。人様は何もせずに私たちの結果に気軽にけちをつけます。しゃくに障りますが、批判は間違ってないので致し方ありません。自ら発表した伊藤君はしょげ返っていました。

コンニャクを抱いた雄のヒキガエル

そこで伊藤君やその同級生の菊地君などとどういう実験をしたら反論できるだろうと話し合いました。

彼らの意見は雌を金網で隔てておいて、雄がフェロモンの匂いはかげるが抱きつくことはできないようにしておくという案でした。しかし、私は雌のダミー（偽者）を使うことを提案しました。獣医さんたちが人工受精用の精液を馬や牛から採取するときに雌のダミーを使っていることを思い出したからです。

その頃、私はイギリスのロンドンの露店で買ったプラスチックの蛙を持っていました。色と形からたぶん、ウシガエルを模したと思いましたが、大きさはヒキガエルと同じくらいでした。そこでこれを池に向かっている雄のヒキガエルのそばに置いてみますと、雄のヒキガエルはすぐにこの偽者の蛙に飛びかかって抱きつきました。しかし、抱きつくやいなや、ただちに偽者とわかったらしく、すぐに放してしまうのです。がっかりしましたが、念のために自分で指でプラスチックの蛙の脇の下を挟んでみたところ、本物のヒキガエルに比較すると、ぜんぜん弾力がないことがわかりました。ヒキガエルの雄も弾力のあるのがいいらしいのです。

このように研究が行き詰まっていたときに、たまたま朝刊のテレビの番組案内を見ていたら、夜の八時から動物番組があって、今週はナガレタゴガエルというカエルについての番組が放映されるというのです。そこで、いつもは遅く帰る私もその日は七時頃に伊藤君や菊地君に別れを告げて、家に帰り、テレビにかじりつきました。

実はこのナガレタゴガエルというのは東京都立大学の生物学教室の草野保先生が研究していらっしゃることはよく知っていました。はたして先生が登場なさいました。そして早春、渓流の冷たい水の中で雄のナガレタゴガエルが雌が流れてくるのを待って、雌の姿を見ると泳ぎよって抱きつくのです。その様子はヒキガエルとよく似ています。そしてテレビ会社の人たちがおもしろがって、雌のナガレタゴガエルと同じくらいの大きさで、形もちょっと似たラッキョウを流してみたのです。すると雄のナガレタゴガエルはそれに飛びついて抱くのですが、ヒキガエルがプラスチックの蛙に飛びついたときと同じで、すぐに放してしまうのです。そしていろいろと試みた挙げ句、コンニャクを雌のタゴガエルぐらいの大きさに切ったものを雄は好んで、しっかりとそれに抱きついて放さないというのです。

喜び勇んで、翌日大学に行くとすぐに伊藤君にコンニャクでいこうといいました。伊藤君は変な顔をして、半信半疑ながらも「今年はもう四月も終わりで繁殖期が終わっていますから、その実験は来年ですね」といいます。私はそんなことではへこたれません。後に国立遺伝学研究所員として活躍された先輩の森脇和郎さんが、大学院の学生時代に五月に日光でヒキガエルの卵を採集していらっしゃったのを思い出したのです。そこで伊藤君に「日光だよ、日光だよ」といってはっぱをかけました。伊藤君も実行派なのでただちに独りで日光に出かけてたくさんのヒキガエルを採集してきました。

伊藤君は帰ってくるとすぐに実験をはじめました。まずスーパーでコンニャクを買ってきました。そして日光のヒキガエルの雄を三つのグループに分けました。第一のグループは同じ数の雌といっしょにして容器に入れ、第二のグループは同じ個数のダミー、すなわちコンニャクといっしょに容器に入れました。第三のグループはもちろん、雄だけでほかには何も入れませんでした。私は器用な伊藤君のことですからコンニャクを細工して雌のヒキガエルのような形にして色もぬって使うのではと思っていたのですが、伊藤君はなんと四角いコンニャクをそのまま使っていたのです。彼はいたって四角四面で真面目な態度の青年に見えましたから、きっとコンニャクも四角いままにしたのかと思ったら、なんだかおかしくなってしまいました。

さて、実験の結果は見事なものでした。雄のヒキガエルはコンニャクが大好きでしっかりと抱きついて何時間も放しません。そして雌を抱いた雄に近いくらいの、見事な黄体形成ホルモンのサージが起こったのです（第48図。第49図は野外で実際にヒキガエルの雄のそばにコンニャクを置いたら、その雄がコンニャクに抱接した写真です）。

このようにして伊藤君の頑張りで、ヒキガエルの雄は雌を抱くことが自分自身への刺激となって、黄体形成ホルモンの急速な一過性の分泌、すなわちサージを引き起こすことが、見事に証明されました。

こういうように、外からの刺激が原因となって反射的にホルモン分泌が起こる現象を神経内分泌反射《しんけいないぶんぴつはんしゃ》といいます。有名な例はもちろん、哺乳類での交尾による黄体形成ホルモンのサージの誘起です。また、子供が乳首を吸うことが刺激となって、脳下垂体からオキシトシンというホル

第48図　抱接の有無と黄体形成ホルモンの変化。コンニャクで黄体形成ホルモンが分泌された。

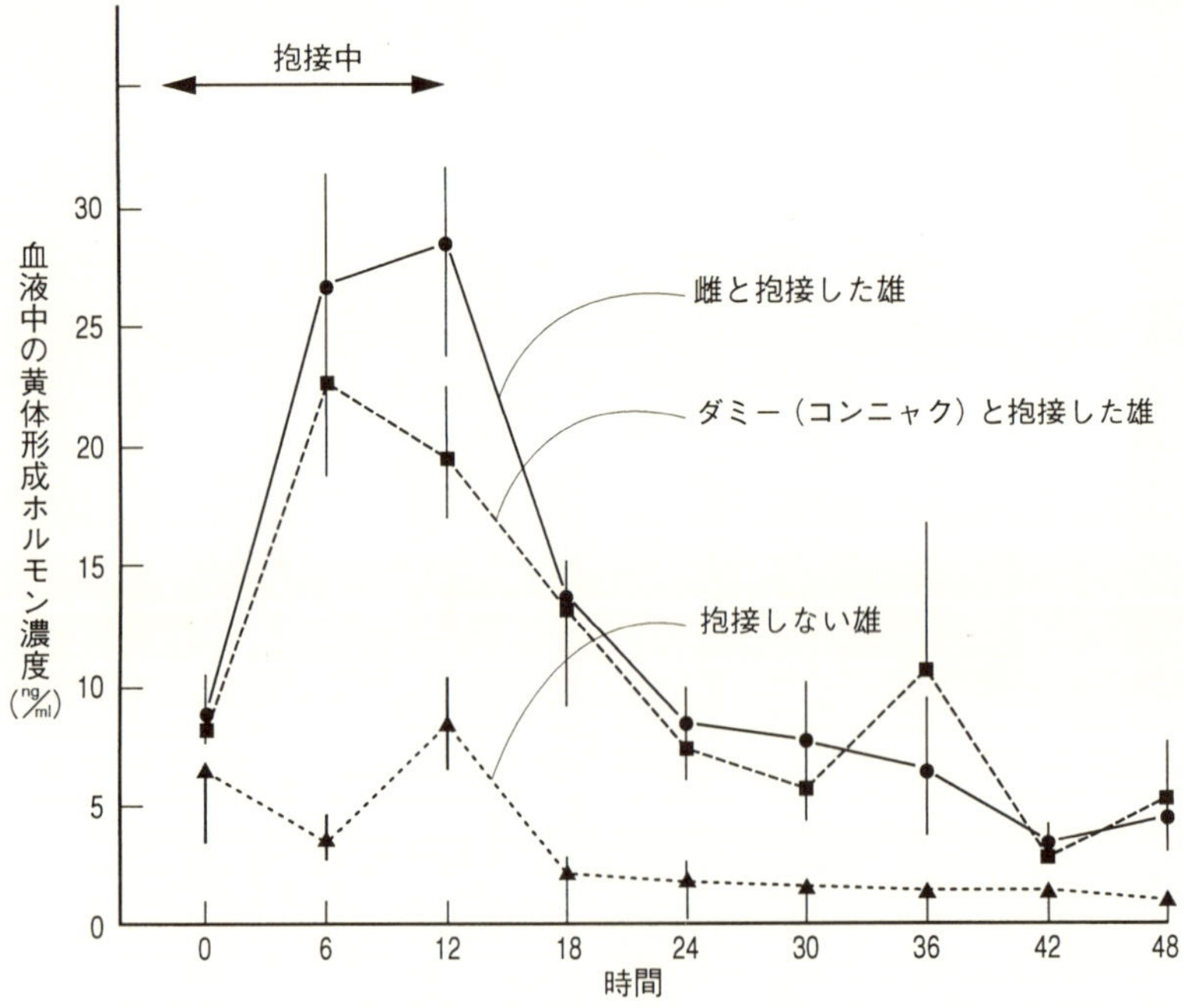

第49図　コンニャクに抱接したヒキガエルの雄

モンが分泌され、これが乳管を刺激して、乳汁の放出を起こす例もよく知られています。しかし、ヒキガエルの雄のこの黄体形成ホルモンのサージの誘起は、まったくの新しい例です。

雄だけにサージがあるのはなぜ？

哺乳類では雌だけにあるのとよく似た神経内分泌反射が、ヒキガエルではなぜ、雄だけにあるのでしょう。これに答えが出せなくてはいけません。私は次のように考えました。前に述べたように繁殖期のヒキガエルでは、雄の数が断然、雌の数より多いのです。池の中で捕まえたすべてのヒキガエルの雄雌を調べたら、雄が雌の二倍か、それ以上いることがわかりました。ほかの人の研究ではもっと雄が多くて三倍というような報告もあります。ヨーロッパヒキガエルでは五倍という報告もあるそうです。そうすると、大部分の雄はめったに雌に出会えないことになります。出会ってもすぐにほかの雄との雌争奪戦に負けて、次の雌が来るまで待たなくてはなりません。そうすると、精子を無駄に放出することにならないように、黄体形成ホルモンのサージが、雌を抱くことができたときだけに起きる必要があるのではないでしょうか。このように、このヒキガエルの雄の神経内分泌反射は、繁殖期には雄が雌よりはるかに

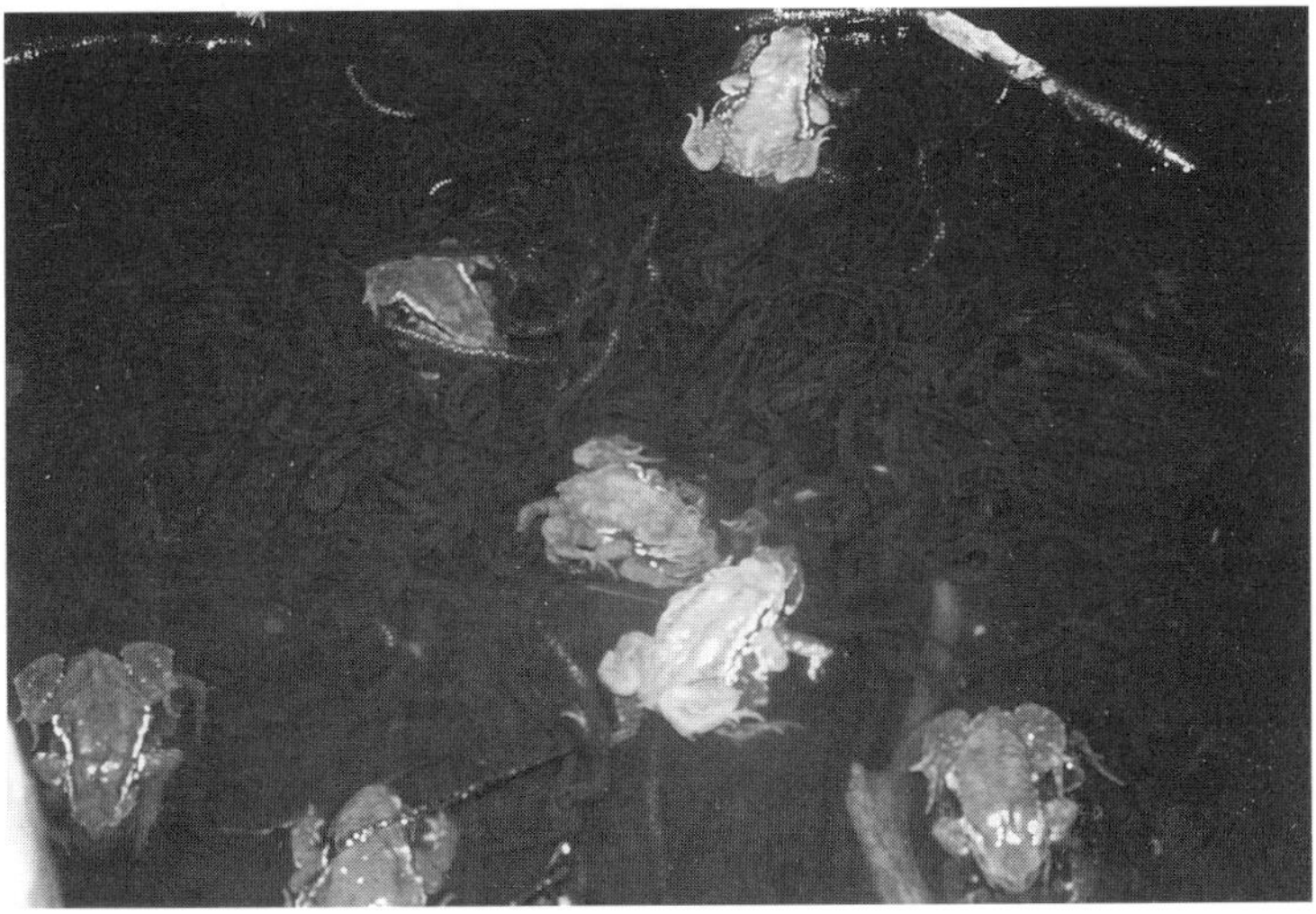

第50図　繁殖期の池の中。ほとんどの雌は抱接されている

多いということが原因で生じたものであると推定されます。

ヒキガエルの繁殖期とホルモン

ヒトの生殖とホルモン

私たち人間は十代中頃の思春期になると、体内では卵巣や精巣、さらに輸卵管、子宮、輸精管など卵や精子の運搬や妊娠に必要な器官が発達し、外形的にも男性や女性の特徴がはっきりしはじめます。また、精神的にも異性を意識し恋をするようになります。こういった現象は実はすべてホルモンによって支配されています。今まで知られているところでは、思春期になると間脳《かんのう》の視床下部というところから、生殖腺刺激ホルモン放出ホルモンという長い名前のホルモンが、ある特別な神経細胞でたくさん合成されるようになり、これが間脳の底にある正中隆起というところで血管の中に分泌されます。この正中隆起の血管は脳下垂体につながっているので、生殖腺刺激ホルモン放出ホルモンは脳下垂体に入ります。そして生殖腺刺激ホルモン（脳下垂体のこのホルモンには濾胞刺《ろほうし》激《げき》ホルモンと黄体形成ホルモンの二種類があり、化学的には両方ともタンパク質の一種です）を合成・分泌する細胞に作用して、二種の生殖腺刺激ホルモンの合成や分泌を盛んにします。この濾胞刺激ホルモンと黄体形成ホルモンは脳下垂体の血管中に分泌されると、頸静脈《けいじょうみゃく》を経て心臓に達し、体中をめぐることになります。そして、卵巣や精巣のある特定の細胞に作用して、卵や精子を完成させたり、卵巣や精巣でつくられる性ステロイド・ホルモン（ヒトでは女性ホルモン、男性ホルモンと呼ばれている）と名づけられているホルモンの合成や分泌を引き起こします。

要するに、脳の生殖腺刺激ホルモン放出ホルモン、脳下垂体の濾胞刺激ホルモンと黄体形成ホルモン、そうして卵巣や精巣の性ステロイド・ホルモンという順序で命令が伝えられるわけです。

ヒキガエルのホルモン

さてヒキガエルでもこのようなホルモンが実際に存在して、似たような役割を果たしているのでしょうか。そうしてヒトでは思春期以後はかなりの年になるまで、ずっと生殖活動を続けることができます。しかし、ヒキガエルは生殖活動をする時期は繁殖期と呼ばれていて、一年のうちの短い期間に決まっています。そうすると上に述べたような脳下垂体のホルモンや卵巣や精巣のホルモンの分泌は毎年一回、周期的に変化するのでしょうか。

まず、ヒキガエルにも哺乳類と同じようなホルモンがあるかという疑問についての答えは、同じ無尾両生類のウシガエルについての研究成果から見当がつきます。このカエルは大型の上に、多数手に入れることができるので研究しやすいのです。それでウシガエルの生殖腺刺激ホルモンについてはバークレイにあるカリフォルニア大学のポール・リクト教授の研究グループ、日本の群馬大学にあるかつて内分泌学研究所として有名だった研究所の故宇井信生先生、林宏昭先生、花岡陽一先生らの研究グループが精力的に研究を行なっていました。そうしてウシガエルにも生殖腺刺激ホルモンがあり、哺乳類のホルモンと似ている濾胞刺激ホルモンと黄体形成ホルモンが存在することを明らかにしていました。世界中でウシガエルの血液中の濾胞刺激ホルモンと黄体形成ホルモンを測定する方法を開発し、完成したのはこの二つのグループと私たちの研究室の三か所でした。

そこでヒキガエルにも同じようなホルモンがあることは想像に難くありません。そしてさらに私たちの研究室では高田耕司君が中心となってヒキガエルについても濾胞刺激ホルモンと黄体形成ホルモンがあることを化学的に明らかにしました。そして血液中のこれらのホルモンを測定する方法もつくりました。

ヒトと同じ性ステロイド・ホルモンがウシガエルやヒキガエルにもあることは、世界中のいろいろな研究室で明らかにされていました。両生類の視床下部にも生殖腺刺激ホルモン放出ホルモンの存在することについては、これもいくつかの研究がありますが、ヒキガエルについて最初に研究したのは、当時、埼玉大学にいらっしゃった浦野明央先生の研究グループでした。

したがってヒキガエルにもわれわれ人間と同じようなホルモンがすべてそろっていることは明らかです。しかし、その分泌にヒトと違って年周期があるかどうかを調べてみたいと思いました。そこでまず濾胞刺激ホルモンと黄体形成ホルモンから研究を開始したのです。

ヒキガエルのホルモンは季節ごとに変化するのか

脳下垂体を集める

ヒキガエルにもこの二種の生殖腺刺激ホルモンが存在することについ

てはすでに述べましたが、この研究についてもう少し詳しく述べましょう。これらのタンパク質ホルモンは脳下垂体中にわずかにしか含まれていません。後でわかったことですが、ヒキガエルの場合ですと、黄体形成ホルモンならたくさんある時で脳下垂体一個中に数マイクログラムしか存在しないのです（一マイクログラムは一千分の一グラム）。そこでこのホルモンを化学的に抽出するにはたくさんの数のヒキガエルを殺して脳下垂体を取り出さなければなりません。しかし、そんなことをすれば、ヒキガエルがあちこちで減ってしまって、われわれ自身がその後の研究ができなくなってしまう恐れがあります。

しかし、久居先生らの研究でヒキガエルの成長の様子を見ると、体長一二センチ以上の大きな個体はかなり年をとっていて、それ以上長生きする確率が低いと考えられました。そこで、小型や中型の個体を避けて、体長一二センチ以上の大きなのだけを採集すれば脳下垂体も大きい上にヒキガエルの繁殖数にほとんど影響しないと考えられます。

さて、高田君の活動がはじまりました。春の繁殖期に東京付近の地図を手にヒキガエルがいそうなところを探してはバイク（彼はそのために免許を取ったのです）で走り回りました。当時の研究室のメンバーは全員が彼の指図であちこちにとび、採集に、また脳下垂体を切り出す作業に協力をおしみませんでした。そしてついにヒキガエルの脳下垂体を四千個くらい集めることができたのです。ところが皆の期待も空しく、ある日悲惨な事件が起こってしまいました。この脳下垂体からホルモンの抽出と化学的純化をほとんど終えたところで、そのホルモンの融けている液体の入ったチューブを手で持って運んでいる最中に、なんと高田君は床でけつまづいて転んでしまったのです。大切なホルモンの溶液は床にぶちまかれて、回収不能になってしまいました。悲壮な顔をして報告にきた彼に、私は何も言うことができませんでした。研究室のほかのメンバーも誰も何もいわずしんとするばかりでした。

私はしばらくして何事もなかったような顔をして、高田君に来年また頑張ろうぜと言いました。そして、翌年の春は八千個の脳下垂体を集めました。幸い、私たちの考えたとおり、前年に多数採集したところでも、池に集まったヒキガエルの数に変化はありませんでした。高田君がその年の内に研究を完成することができたのはもちろんのことです。

真冬にヒキガエルを探す

このようにして完成したヒキガエルの血液中の濾胞刺激ホルモンと黄体形成ホルモンを測定する方法を用いて、いよいよヒキガエルの血液中のこれらのホルモンが一年のうちにどのように変化するかを調べることになりました。それには一年中を通してヒキガエルの血液を集める必要があります。高田君は代々木公園に場所を定めて三月の繁殖期から毎月、雌雄少なくとも各七匹ずつについて血液の採取をはじめました。毎月、一〇日前後の雨か曇りの湿度の高い晩に代々木公園に行って、現場で血液を採ると同時にヒキガエルそのものも採集してきました。

さて、高田君の仕事は順調に一〇月までは進んだのですが、一〇月の血液採取がすんだところで、彼から「先生、一一月は七匹ずつはむずかしいかもしれません。数が少なくなっていますから」と報告を受けました。そうして一一月にはやはり採集できたヒキガエルの数が少なくなったのです。高田君から「先生、一二月にはもう採集できませんよ」といわれましたが、私は黙っていました。さて、一二月もまた二〇日頃になりました。高田君に「今月はまだ代々木公園には行かないの」と聞くと、彼は「先生、一二月は駄目だと先月申し上げました」と答えました。そこで、私は「ヒキガエルはいなくなるはずはないよ。必ず公園のどこかにいるはずだから一一月に採集したところを中心によく探しなさい」といって彼を公園に行かせました。結局、高田君は一二月にも四、五匹ずつでしたが、何とか雌雄のヒキガエルを採集してきました。そうして、帰るなり「先生、今月はずいぶん苦労しました。来月はもう駄目です」と私に報告しましたが、私は黙っていました。

いよいよ年も明けて一月となり、たまたま二〇日頃に低気圧が日本列島の北寄りを通過して、暖かい小雨が降りました。その夕方、高田君に声をかけました。「君、なぜ代々木公園に行かないの」といったのです。彼は憤然として「先生、一二月の様子だと今月は絶対に採集は不可能です。先生はいらっしゃらないからわからないでしょうけど、行っても無駄です」と答えるのです。そこで私は平気な顔をして「君、一二月も同じことを言って、それでも採集できたじゃない」といって彼を無理に追い出しました。高田君は仏頂面をして道具の用意をし、実験室の扉をバタンと乱暴に閉めて出かけました。

その晩、そうはいったものの心配して待っていると、一〇時頃に泥だらけになった高田君が帰ってきました。そうです。見事に一月にも雌雄のヒキガエルを採集できたのです。彼の話すことによるとこうでした。「僕はなんとひどい先生の弟子になってしまったのだろうと自分を哀れみ、かつ先生を怨みながら、とにかく公園をぐるっと回ってから帰ろうと、しょぼしょぼと歩いていたんです。そうしたらですね、どこからともなく、雄のヒキガエルの声が聞こえたような気がしたのです。そこでああ、あまりにもひどい目にあっているので、ついに幻聴までするようになってしまったかと思いました。ところが、依然としてまたヒキガエルの声がするんです。思わずその方向に行ってみると、なんと、木の枝や枯れ葉や、煉瓦やゴミなどが、うず高く積んである下から声が聞こえていました。そこで僕は夢中になってそこを掘りはじめました。そうするとなんと、雌雄のヒキガエルがその下にいて、そのうちの雄が鳴いていたのです。そうしてそこら中を掘って回ってついに採集しました」ということだったのです。きっと、暖かい晩だったので、ヒキガエルたちは動きはじめていたに違いありません。こうして高田君はついに真冬のヒキガエルの採集に成功したのでした。二月は代々木公園では繁殖期になりますので、採集は簡単でした。

実は真冬のヒキガエルの採集の名人がいることがその後にわかりました。それは実験用におもに両生類を採集して供給している大内一夫さんです。大内さんは竹の棒を使って雑木林の地面の穴や枯れ葉の間をつついて回り、ヒキガエルを見つけるのです。大内さんによると、棒の先から伝わってくる感触で、頭が固く、その後ろの胴体が軟らかいのでヒキガエルだとわかるといいます。彼はこの方法を「千突き」と呼んでいました。千回突くとわかるようになるというような意味でしょう。私たちの研究室でも本多陽子さんや井上正美君が試みたのですが、大内さんの域にはとうてい達しませんでした。

しかし、井上正美君は非常に優れた勘を持っていて、真冬に、ここぞという穴を見つけると腕を突っ込んで地中からヒキガエルを引っ張り出すという名人ぶりを発揮し、その後に所沢のある場所でまた一年を通して毎月一回、ヒキガエルを採集することができたのです。今では私たちの研究室では研究テーマの必要上、真冬のヒキガエルを必要とした場合には、この話をして女性でもかまわずに採集に行かせます。今、都立大学にいる瀬川涼子さんも採集してきましたし、今、ヒキガエルの嗅覚の研究をしている中沢秀夫君もそうです。先生というのは、研究に対して冷酷なほうがよいのです。

ホルモンの年周期変化と繁殖期

このようにして高田君と井上君が頑張って、ついに一年を通して血液を採取することができました。そうしてその中の濾胞刺激ホルモンと黄体形成ホルモンを測定してみたのです。同時に卵巣や精巣の重さも測定しました。第51図を見てください。卵巣の大きさは四、五月頃は小さかったのが六月頃から徐々に大きくなり、九月から秋の終わりにかけて急

第51図　卵巣重量の年変化（上）と、黄体形成ホルモンの一年間の変化。

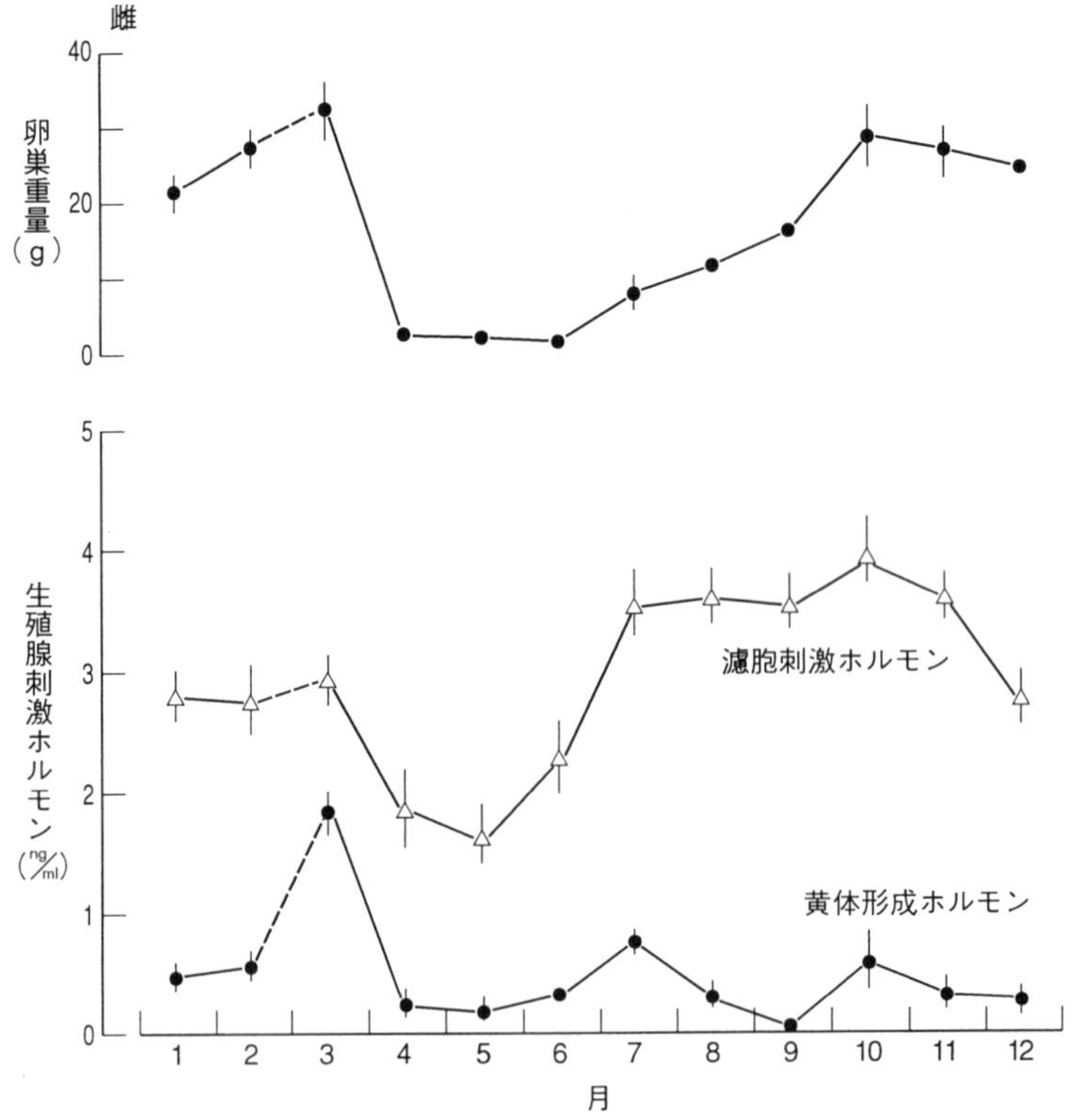

速に重さが増します。そうして春の産卵期に最大となり、産卵を終わるとまた小さくなってしまいます。

第51図のように濾胞刺激ホルモンと黄体形成ホルモンもこの卵巣の重さの変化とよく似た変化をします。すなわち、ヒキガエルでは濾胞刺激ホルモンと黄体形成ホルモンの作用で卵や精子の形成が夏のはじめから徐々に進行し、秋になるとさらに卵や精子の形成が急速になって、秋の終わりには卵も精子もほとんど完成します。そうして冬を越し、春の繁殖期になって（代々木公園では冬の終わりですが）、卵も精子も体外に放出され、受精が起こるのです。われわれヒトですと一生の間に起こるような変化が、ヒキガエルでは毎年起こっているのです。これは特定の季節にのみ繁殖する脊椎動物ではすべてそうです。ヒトや養鶏場のニワトリや、実験用に飼育しているラットやマウスが特別なのです。

実はヒキガエルの血液については濾胞刺激ホルモンと黄体形成ホルモンのほかにも一〇種類くらいのいろいろなホルモンを測定しています。そうしておもしろいことがいろいろとわかってきましたが、そのことについてはまた機会があったら紹介したいと思っています。

蛙はお腹で水を飲む

最後にまた小林英司先生の話です。またかと言わないでください。またもや私が先生にぎゃふんと言わされた話なのです。これもまだ私が小林先生の研究室にいた頃か、あるいは早稲田大学に来て間もない頃の話です。先生が「石居君、ヒキガエルが逃げるとですね。部屋の隅にある濡れ雑巾とか濡れたモップのところによくいるのですよ。それがですね、たいてい雑巾やモップの下でなくて上に乗っているのです。あれはもしかすると、お腹で水を吸っているんですよ」とおっしゃるのです。私はまた先生が突飛なことを言いはじめたぞと思い、先生がドタバタと大きな響きを立てて近寄るから、下に隠れていたヒキガエルはびっくりして逃げようとして上に乗っかったに違いないとひそかに思っていました。それから二〇年以上もたってのことです。日本動物学会の大会で、今は岡山大学理学部にいらっしゃる上島孝久先生の講演を聞きました。その話では、たいていの蛙は背中の皮膚は水を通さないが、お腹の皮膚は水を通すというのです。私はあっと驚きました。なんと小林先生のおっしゃっていたことは正しかったのです。蛙の仲間の多くのものがお腹で吸水するということは今では両生類の行動学者や生理学者の間では常識なのです。

数年ほど前のことです。たまたま銀座通りを通っていて、松屋で根付の展覧会があるのに気がつきました。根付というのはご存知と思いますが、江戸時代の細工物で、おもに印籠を帯にはさんで下げる紐の、印籠とは反対側につけて、紐が抜け落ちないようにする目的のものだそうです。象牙だとか硬い木だとかを材質にして作った小さな精巧な彫刻です。そのよい物はほとんど欧米人に買い取られていて、根付のコレクションのもっとも優れたものはボストン美術館にあると聞いています。この根付の題材には動物が多いので、ひょっとしたら蛙の根付があるかなと思って入ってみることにしました。するとなんと数点の蛙の根付がありました。しかもです、その中に三点も蛙が草鞋《わらじ》や藁草履《わらぞうり》の上に乗っているのがあったのです。私はすぐに「江戸時代のにぎやかな街道筋の道端には、使い捨てられ、夕立などの水を吸った、濡れ草鞋や濡れ藁草履がたくさんある」という話を何かで読んだことを思い出しました。三点が三点とも蛙は草鞋や藁草履の下ではなくて、上に乗っているのです。きっと、江戸時代の細工師たちは鋭い観察眼を持っていて、蛙が濡れ草鞋や濡れ草履の上に乗って吸水している姿を写したに違いありません。私は猛烈にこの蛙の根付が欲しくなりました。しかし、こういったものは物凄く高価でとうてい貧乏教師の手の出るものではないのです。ただただ眺めるだけで我慢せざるをえませんでした。

それからまた二、三年たった一九九五年のことです。私は国際鳥類学会議に出席するためにオーストリアの首都、ウイーンに行きました。宵の口に有名な王宮の傍の道を歩いていたら骨董屋がありました。もう店は閉まっていたのですが、ふとそのウインドウの中を覗いてみると、根付がたくさん並んでいます。ヨーロッパの骨董屋さんにはアジアの国の美術工芸品がよく並んでいますから、それ自体は驚くことではありません。しかし、なんとその中に三個ばかり蛙があり、しかもその一個は藁草履に乗ったヒキガエルらしい蛙なのです（第52図）。私は体が震えてきて、これはなんとかして持ち金をはたいても買うぞと決心しました。しかし、店はもう閉まってひっそりとしています。仕方なくその日は諦めて、翌朝は開店の三〇分前から店の前でしっかりと待っていました。もし、なんかの具合で他の人に買ってしまわれたら、それこそ悔やんでも悔やみきれないからです。いっしょについてきてくれた日本大学歯学部の若林修一教授に笑われながら、開店と同時に店に突入してそれを買いました。幸いに値段は大したことはありませんでした。そうして買いながら気がついたことには、もう一つ幸運なことがありました。根付は象牙細工が多いのですが、この蛙の根付は木製でした。もし象牙だったら日本に持ち帰ることは禁止されているのです。この記念すべき根付は本物か模造品かはわかりません。しかし、とにかく私の蛙グッズのコレクション中の宝として今も大切に保存してあります。そうして、これを見るたびに、小林先生の鋭い勘とも言ってもよい洞察力に対する感動を新たにし、科学者としてそれにあやかりたいものだと思っています。

第52図　蛙の根付

あとがき

このヒキガエルについての研究は一九八〇年頃から延々と若い人たちに引き継がれて続いてきたものです。この研究をはじめた頃には、都内からヒキガエルがいなくならないうちに、できるだけ多くのことを調べておこうと思ってはじめました。それが予想以上に、ヒキガエルがなんとか頑張って都内で生き延びてくれました。そのため思った以上に多くのことを明らかにすることができました。その成果のかなりの部分はこれまで論文として、Academic Pressから出版されているGeneral and Comparative Endocrinologyという雑誌や日本動物学会で発行しているZoological Scienceに発表してあります。また、日経サイエンスにも掲載されています。私として嬉しかったのは、日経サイエンスの記事をお読みになった動物学会会長でもあり大学時代の先輩でもある丸山工作先生（千葉大学学長）からお褒めの電話を頂戴したこと、またZoological Scienceに論文として掲載された四編のヒキガエルに関する論文のうち二編もが、動物学会の賞（その年、この雑誌に掲載された最も優れた論文に与えられる賞）を戴いたことでした。さらにその二編目の行動に関する論文を投稿した際に、論文の審査にあたられた方からか、「文学的興奮さえもが伝わってくる」という評を戴きました。このときは大袈裟に言えば学者冥利につきるような気持ちがいたしました。

最初の頃には吉田高志、古谷哲男、安達透、筒井和義、窪川かおる、酒井秀嗣などの諸君が骨身をおしまず頑張ってくれました。その後は何度も登場した高田耕司君をはじめ、井上正美、米山寛子、本多陽子、染谷玲子、山内洋、安東宏徳、さらには菊地元史、瀬川涼子、大岡百合子の諸君が協力してくれました。中でも窪川、菊地のお二人の貢献は大きかったと思っています。さらに、跡見学園女子短期大学大岡貞子先生もお手伝いくださっています。そのほかにも大勢の人たちが多かれ少なかれ、いろいろと手伝ってくださっています。埼玉大学時代の浦野明央先生とその研究室の人たちもそうでした。こういった大勢の人たちの参加があってはじめてこの研究が完成したのです。

この機会に観察の場所をこころよくお貸しくださった、自由学園（学園長でいらした故羽仁恵子先生のご厚意で夜遅くまでいさせていただきました）、平林寺、東京都小金井公園、国際基督教大学、国立環境研究所、東京農工大学の諸機関やそこでお世話くださった方々に感謝いたします。また個人では吉見町の高橋貞之先生と奥様にはずいぶんとお世話になりました。おいしい夜食に新米のおにぎりをご馳走していただいたり、新鮮な野菜を頂戴したりまでしました。また伊豆大島での採集や観察には元町の山田重雄さんに非常にお世話になりました。

このように多くの方々が長い期間をかけて協力してくださったことが、この研究の論文の中に何らかのかたちであらわれていて、それがお褒めの言葉や賞を戴ける原因となったのだと思います。

このヒキガエルの研究は、今でも中沢透君と沢本久美さんがかかりきりでやっています。ほかの人たちも繁殖期とか、大勢の人手がいるときに参加します。現在はヒキガエルの生殖腺刺激ホルモンの遺伝子のクローニングの研究も新井雄太君がやっていて、すでにいくらか成果があがっています。

しかし残念だったのは観察の場所を、次々と変更せざるを得なかったことでした。そうして、最後の砦となった東京農工大学も、大学内のある設備の工事の関係で、来年からは使えそうにありません。このようにして、せっかくの研究も、ついに行なうのが非常に困難になりました。一六年前、東京からヒキガエルがいなくなってしまう前に、この研究を完成させたいと気が急いてはじめたのですが、そろそろ現実の問題となってきそうな感じです。

もっとも少数の個体でしたら、ヒキガエルはまだまだ図太く都内のいろいろなところに生息し、繁殖しています。いつか、あの多数のヒキガエルが次々と姿を現わして、池へ池へと移動していった姿をふたたび都内で見ることはもうはかない夢なのでしょうか。

ヒキガエルとの付き合いも、ついに一六年か一七年になりましたが、両生類とのおつきあいが私などよりもっと長い方が日本には何人もいらっしゃるのに、出しゃばって書いてしまったと後悔しています。ご意見があったらsusumu@mn.waseda.ac.jp.かファックスで〇四八‐二六九‐二三七三宛にいただければ幸いです。

最後に、締め切りを次々と破ってはご迷惑をおかけした八坂書房の中居恵子さんにお詫びをしながら筆をおきたい、いやキーボードにカバーをかけたいと思います。

一九九六年師走

著者略歴

石居　進（いしい・すすむ）

1932年（昭和7年）3月18日、東京で生まれる。小学校の後半、中学、高校は主として福岡県小倉市（現在の北九州市）ですごす。自慢は小学校時代「いじめ」にあって登校拒否児童だったことと、高等小学校（当時は国民学校高等科）に在学したこと。

東京大学理学部動物学科を卒業、同大学院、日本学術振興会奨励研究生などを経て、1956年（昭和31年）早稲田大学助手、現在は同教授、教育学部理学科生物学専修と大学院理工学研究科で教育に従事。専門は比較内分泌学。日本動物学会、日本比較内分泌学会、日本内分泌学会生殖内分泌分科会、日本アンドロロジ学会、日本行動学会、日本鳥学会の会員。国際比較内分泌学会連合会長。

趣味は屋根瓦の観察・撮影と内外の古い町並探訪。蛙グッズなどの収集。ジョギンク歴10年間。

カエルの鼻　たのしい動物行動学［新装版］

2009年 6 月25日　初版第1刷発行

著　者　石　居　進

発 行 者　八　坂　立　人

印刷・製本　壮光舎印刷㈱

発 行 所　㈱八坂書房

〒101-0064 東京都千代田区猿楽町1－4－11

TEL 03-3293-7975　FAX 03-3293-7977

http://www.yasakashobo.co.jp

ISBN 978-4-89694-937-7

好評既刊書（表示価格は税別価格です）

うちのカメ ―オサムシの先生 カメと暮らす―
石川良輔著／矢部 隆注・解説　A5変型　2000円
生物学者のするどい観察から浮き彫りにされるカメのユニークな生活を、豊富な写真や図版とともに展開。

スズメバチ ―都会進出と生き残り戦略―【増補改訂版】
中村雅雄著　A5変型　2000円
昆虫界最強の捕食者スズメバチの知られざる行動や習性を紹介。都会に適応したハチとの共生の道を探る。

ハエ ―人と蠅の関係を追う―
篠永 哲著　A5変型　2000円
よくも捕ったり！――ハエ学者熱帯を行く。衛生害虫の第一人者にして、自他ともに認める無類の蠅好きが、世界各地をめぐる調査で出会ったおもしろエピソードとともに未知なるハエたちの姿を紹介。

天敵なんてこわくない ―虫たちの生き残り戦略―
西田隆義著　A5変型　2000円
虫たちの〝死んだふり〟は効き目があるのか？ 身近に見られる生き物たちのふしぎな行動をとらえ、自然選択におよぼす効果を考える。天敵の魔の手を逃れて生きのび子孫を残すために身につけた戦略を徹底検証。

カブトエビのすべて
秋田正人著　四六　1600円
生きている化石〈トリオップス〉種類と分布、体内のしくみ、生態、水田での除草効果、飼育観察の方法まで。

虫こぶ入門 ―虫えい・菌えいの見かた・楽しみかた―【増補版】
薄葉 重著　四六　2400円
植物の葉や茎などに虫たちがつくりだしたふしぎな〝こぶ〟をめぐり、その種類や形、虫との関係などを詳しく紹介。驚きにあふれた虫こぶ観察のたのしみを、やさしい語り口で紹介。